网络管理员考前冲刺 100 题

朱小平　李锦卫　罗祥泽　编著

·北京·

内 容 提 要

参加并通过网络管理员考试已成为诸多从事网络系统集成和网络管理技术人员获得职称晋升和能力水平认定的一个重要条件，然而网络管理员考试的知识点繁多，顺利通过考试有一定难度。本书总结了作者多年来进行软考培训的经验和备考方法，以及对题目分析、归类、整理、总结等方面的研究。

全书内容通过思维导图描述整个考试的知识体系，用典型题目高度概括了考试的知识点分布、考试形式，并详细阐述了解题的方法和技巧，通过对题目的选择和分析来覆盖考试大纲中的重点、难点及疑点。

本书可作为参加网络管理员考试的考生的自学用书，也可作为软考培训班的教材和从事网络技术相关工作的专业人员的参考用书。

图书在版编目（CIP）数据

网络管理员考前冲刺100题 / 朱小平，李锦卫，罗祥泽编著. -- 北京 : 中国水利水电出版社，2022.8
ISBN 978-7-5226-0891-4

Ⅰ. ①网… Ⅱ. ①朱… ②李… ③罗… Ⅲ. ①计算机网络管理－资格考试－习题集 Ⅳ. ①TP393.07-44

中国版本图书馆CIP数据核字(2022)第144211号

策划编辑：周春元　　责任编辑：王开云　　封面设计：李　佳

书　名	网络管理员考前冲刺 100 题 WANGLUO GUANLIYUAN KAOQIAN CHONGCI 100 TI
作　者	朱小平　李锦卫　罗祥泽　编著
出版发行	中国水利水电出版社 （北京市海淀区玉渊潭南路 1 号 D 座　100038） 网址：www.waterpub.com.cn E-mail：mchannel@263.net（万水） sales@mwr.gov.cn 电话：（010）68545888（营销中心）、82562819（万水）
经　售	北京科水图书销售有限公司 电话：（010）68545874、63202643 全国各地新华书店和相关出版物销售网点
排　版	北京万水电子信息有限公司
印　刷	三河市鑫金马印装有限公司
规　格	184mm×240mm　16 开本　12.5 印张　298 千字
版　次	2022 年 8 月第 1 版　2022 年 8 月第 1 次印刷
印　数	0001—3000 册
定　价	48.00 元

本书编委会

致读者

所有参加考试的考生都在寻找一种能顺利通过考试的最有效的复习方法，然而很多人却无法找到适合自己的方法，其实，最有效的方法就是做题，虽然不是对每个人都最有效，但是对绝大部分人而言，这就是最好的方法。

在授课的过程中，培训机构和考生们往往抱着侥幸心理，希望通过老师5天的授课就可以通过考试，但对于大部分考生来说，仅凭听 5 天的课程就通过考试的几率很小。究其原因，就是考生没有经历过大量做题的训练，缺乏对试题敏锐的感觉。同样，大量的技巧和经验性内容需要通过做题来不断强化。

对于这种应试性的考试来说，“采用题海战术”确实是不二法门。但问题是，在哪里能找到适合的题呢？互联网上的习题成千上万，是不是需要全部做一遍呢？考生是否有足够的时间来做大量的习题呢？

其实，“采用题海战术”只是考试通关手段的一种表象，通过题海战术应付考试，其有效的真实原因是“大规模做题导致了对知识点的全覆盖”，通过大量的习题来覆盖考试涉及到的知识范围，所以真正的原因是做题者命中了知识点，而不是题海战术本身。但在时间和精力有限的情况下，考生根本没有足够的时间采用题海战术，那要提高命中率，应该怎么办呢？

为此，编者基于历次培训的讲义和习题，将各知识领域的典型题型进行收集、汇总、分析，从这些题型中选出最具有代表性的题目，并对部分题目考核的知识点、考核形式及题目的演化形式等进行了分析。网络管理员考试中，上午的考试共有75道选择题，下午有5道案例题。编者团队通过多年对考试的研究得知，实际题型和变化趋势不会超过 100 个，大量的题目围绕着有限的知识点反复考核，从不同的角度变换出不同的题型。当读者们掌握了这 100 道题的解题方法及相关的知识点后，可以说，考试的内容难逃考生的复习范围。通过这100道题，有效规避题海战术，却能达到题海战术的效果。

编　者

2002年4月

本书说明

读者在拿到本书之前，首先要关注以下几个问题：

◎ 本书编写的目的

图书市场上关于网络管理员培训的书籍数量繁多，而本书有别于这些书籍之处在于以下几个方面：

（1）通过思维导图描述整个考试的知识体系。

（2）通过典型题目覆盖知识点的复习。通过重点、难点题目来掌握考试大纲中的关键知识点，缩短复习时间，提高复习效率。

（3）通过典型题目阐述解题的方法和技巧。

编者从2004年开始从事软考的培训工作，在与学生的交流过程中，为了迎合考生的需求，编者团队研究了很多备考的方法，对题目分析、归类、整理、总结模式等，做了大量的工作。但在长期的课程研发过程中，经过了若干次的培训和总结经验，观点又回到了原点，一个人如果真想在这种应试考试中获胜，唯一的方法就是做题。

本书虽然叫“考前冲刺100题”，但实际收纳的题目超过100道的同时，避免题海战术的思路也从始至终严格遵循。作者力争通过题目的选择和分析来覆盖考试大纲中的重点、难点及疑点。

在题目选择上要掌握以下几个原则：

（1）选择重点、难点等具有代表性的题目。

（2）选择考核频率比较高的题目（针对知识点而言）。

（3）选择用典型解题方法的题目。

（4）考核频度较低、不具备代表性、没有规律和技巧可言的题目一律排除在选题之外。

在选择过程中，虽然这些题目并不能保证100%覆盖全部知识点，但在每一章的“知识点”中，都对相关知识点进行了扩展，同时标识出了题目的知识点，使考生意识到自己所掌握知识点的覆盖程度。

◎ 关于思维导图在本书中的应用

本书在撰写过程中引入了思维导图，思维导图作为一种思考的工具，在日常的备考复习中能够发挥巨大的作用。本书编者在面授的过程中大量使用了思维导图，从教学效果来看，凡是能够使用思维导图的考生，其对知识脉络的梳理和对知识点的记忆水平均明显强于其他考生。

通过思维导图，可以串联自己的思想（制作笔记）和他人的思想（记笔记）。如果考生在每个学习阶段都总结过思维导图，并且按照时间间隔定期复习，那么会极大增加通过考试的可能性。仅需把丰富的知识转换成极佳的考场发挥即可，这就是正确的方法。

当然，本书对思维导图的应用也仅仅属于探索阶段，读者可以参考相关的更加专业的书籍来辅助深入应用，发挥思维导图在备考复习中的重大作用。

◎ 如何使用本书

由于本书的原则是通过掌握重点、难点、疑点的题目来带动知识点的复习，因此，在使用本书的过程中，建议按照以下原则：

（1）根据每章的思维导图来复习知识点，也可以在每一章思维导图的基础上进行知识点的扩充。

（2）根据知识点找到对应的题目，每个题目都要具有代表性，因此，需要分析每一章题目考核的知识点、延伸的知识点和出题的方式。

（3）题目的复习可以配合《网络管理员 5 天修炼》进行，且要先分析题目。

前 言

一直以来，计算机技术与软件专业技术资格（水平）考试（以下简称“软考”）是国内难度最高的计算机专业资格考试之一，其平均通过率在10%左右。自网络管理员科目开考以来，其通过率也维持在20%左右的水平，考试的难度可想而知。

编者从2004年开始从事软考的辅导与培训工作，自2008年以来，各企事业单位的信息技术部门逐步认可网络管理员的职称认定，应各单位的邀请，编者团队也开始进行软考网络方向的面授培训。通常面授的课程只有5天时间，在5天之内将该考试涉及到的主要知识点全部讲完，同时要让学员掌握重点、难点和疑点，培训强度之大可想而知。因此，整理关键知识点成为编者团队日常的教学任务之一。同时，纵观目前的图书市场，在培训过程中很难找到一本合适的书推荐给学员作为考试高效复习的蓝本。因此，团队一直使用内部编排的讲义和习题，版本也会每年根据教学的实际情况不断地进行更新。

2021年下半年，在出版机构的推动下，团队萌生了总结经验、编撰书籍的想法，在与出版社签订合同后，编者根据多年的培训经验，总结部分经典题型、解题方法并结集出版。这就是本书产生的缘由之一。

当然，本书属于系列丛书中的一本，同时也是编者及团队实际教学的一部分，是多年来从事软考培训经验的阶段性总结。本书的出版得到了考生、培训机构及各地软考办的支持，正是这种教学上的反馈促使我们不断修正、完善培训讲义，促使了该书的形成。在此感谢本书编委会和部分省市的软考办公室以及培训合作机构。

编者团队自知本书并非完美，研发团队必定会持续完善本书。在阅读过程中，如果您有任何想法和意见，欢迎关注“攻克要塞”公众号，与编者团队交流。

编者

2022年4月

目　录

第1章 计算机基础知识

知识点图谱与考点分析

本章涉及的知识面非常广，在整个网络管理员考试中所占的分值也较多，根据历年的考点统计发现，本章所占的分值平均为14～16分。

本章的知识点涉及到整个计算机软、硬件基础部分和知识产权保护的一些基础知识，但是各个知识点分值普遍不高，并且在软件基础部分还有部分信息化基础概念。因此本章的复习一定要有一个精准的分类提纲，按照提纲复习才可以做到事半功倍的效果。本章的知识体系图谱如图1-1所示。

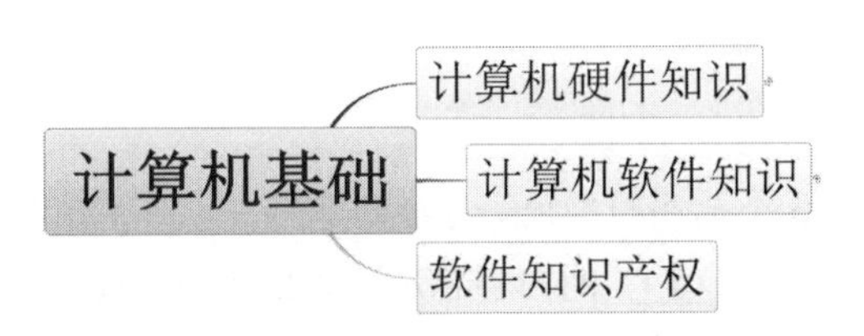

图1-1　计算机基础知识体系图谱

[辅导专家提示] 本章在整个考试中所占分值较高，涉及面非常广，涉及了整个计算机基础知识部分、信息化基础和知识产权的知识，其内容相对独立，与后面的网络知识部分没有紧密的联系。对于这一部分的知识点，需要认真复习好每一种题型，做到举一反三。

知识点：计算机硬件

知识点综述

计算机硬件部分涉及到的知识点主要有中央处理器（Central Processing Unit，CPU）体系结构、指令格式、寻址方式、总线与中断等几个部分。本知识点的体系图谱如图 1-2 所示。

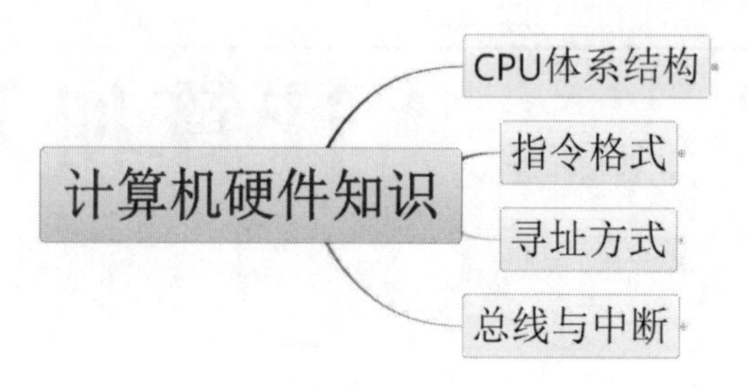

图 1-2　计算机硬件知识体系图谱

该知识点在考试中，重点是对 CPU 体系结构、指令格式与寻址、总线类型和中断技术等的考查。

参考题型

【考核方式 1】考核 CPU 的组成结构。

● 处理机主要由处理器、存储器和总线组成。总线包括__（1）__。

（1）A．数据总线、地址总线、控制总线　　B．并行总线、串行总线、逻辑总线
　　C．单工总线、双工总线、外部总线　　D．逻辑总线、物理总线、内部总线

■ 试题分析 从广义上来说，连接电子元件间的导线都可以称为总线。计算机中的总线包括数据总线、地址总线、控制总线。

■ 参考答案 （1）A

【考核方式 2】考核 CPU 中各个部件和各种寄存器的作用。

● 计算机执行程序时，CPU 中__（1）__的内容总是一条指令的地址。

（1）A．运算器　　B．控制器　　C．程序计数器　　D．通用寄存器

■ 试题分析 CPU 是计算机中最核心的部件，主要由运算器、控制器、寄存器组和内部总线构成。

控制器由程序计数器（Program Counter，PC）、指令寄存器（Instruction Register，IR）、地址寄存器（Data Register，AR）、数据寄存器（Address Register，DR）、指令译码器等组成。

1）程序计数器（PC）：用于指出下一条指令在主存中的存放地址，CPU 根据 PC 的内容去主存处取得指令。由于程序中的指令是按顺序执行的，所以 PC 必须有自动增加的功能，也就是指向

下一条指令的地址，这样计算机才能不断地执行下一条指令。

2）指令寄存器（IR）：用于保存当前正在执行的这条指令的代码，所以指令寄存器的位数取决于指令字长。

3）地址寄存器（AR）：用于存放CPU当前访问的内存单元地址。

4）数据寄存器（DR）：用于暂存从内存储器中读出或写入的指令或数据。

5）指令译码器：用于对获取的指令进行译码，产生该指令操作所需要的一系列微操作信号，以控制计算机各部件完成该指令。

■ 参考答案　（1）C

● 程序计数器（PC）是用来指出下一条待执行指令地址的，它属于＿（2）＿中的部件。

（2）A. CPU　　B. RAM　　C. Cache　　D. USB

■ 试题分析　CPU中主要有控制器和运算器，其中控制器是由程序计数器（PC）、指令寄存器（IR）、地址寄存器（AR）、数据寄存器（DR）、指令译码器等组成，运算器主要完成数据运算和逻辑运算。显然程序计数器就是CPU中的部件。

■ 参考答案　（2）A

● CPU中可用来暂存运算结果的是＿（3）＿。

（3）A. 算逻运算单元　　B. 累加器

C. 数据总线　　D. 状态寄存器

■ 试题分析　累加寄存器（Accumulator，AC）又称为累加器，当运算器的逻辑单元执行算术运算或者逻辑运算时，为算术逻辑单元（Arithmetic and Logic Unit，ALU）提供一个工作区。例如，执行减法时，被减数暂时放入AC，然后取出内存存储的减数，同AC内容相减，并将结果存入AC。运算结果是放入AC的，所以运算器至少要有一个AC。而状态寄存器主要是负责存储运算的状态。

■ 参考答案　（3）B

[辅导专家提示] CPU中各种寄存器的作用属于考试中常考的知识点。因此考生必须要掌握CPU中常用的寄存器的特点和作用。

【考核方式3】考核指令的基本格式和寻址方式。

● 在指令系统的各种寻址方式中，获取操作数最快的方式是＿（1）＿。

（1）A. 直接寻址　　B. 间接寻址　　C. 立即寻址　　D. 寄存器寻址

■ 试题分析　指令系统中用来确定如何提供操作码或提供操作码地址的方式称为寻址方式和编址方式。获取操作数可以采用以下几种寻扯方式：

1）立即寻址：立即寻址是一种特殊的寻址方式，指令中的操作码字段后面的部分不是通常意义上的地址码，而是操作数本身，也就是说数据就包含在指令中，只要取出指令，也就取出了可以立即使用的操作数，不必再次访问存储器，显然这种方式的速度最快。

2）直接寻址：直接给出操作码地址或所在寄存器号（寄存器寻址）。

3）间接寻址：给出的是指向操作码地址的地址，称为间接寻址。

4）变址寻址：给出的地址，需与特定的地址值相加，得到操作码地址，称为变址寻址。

考试中常考这几种寻址方式及其特点，因此考生在复习时要记住。

■ **参考答案** （1）C

● 在寻址方式中，将操作数的地址放在寄存器中的方式称为＿（2）＿。

（2）A．直接寻址　　B．间接寻址　　C．寄存器寻址　　D．寄存器间接寻址

■ **试题分析** 如果操作数的地址在寄存器中，则从寄存器取出的值并不是真实的值，还要用这个值再去内存中取对应地址的数，所以称为寄存器间接寻址。

■ **参考答案** （2）D

【考核方式 4】计算机存储系统的基本概念。

● 以下关于主流固态硬盘的叙述中，正确的是＿（1）＿。

（1）A．存储介质是磁表面存储器，比机械硬盘功耗高

B．存储介质是磁表面存储器，比机械硬盘功耗低

C．存储介质是闪存芯片，比机械硬盘功耗高

D．存储介质是闪存芯片，比机械硬盘功耗低

■ **试题分析** 固态硬盘是通过存储芯片实现存储，没有机械装置，因此存取速度快，功耗低。而机械硬盘主要通过高速旋转的磁盘来存储数据，但是机械转动的速度远远赶不上存储芯片的读写速度。但是机械硬盘保存数据相对比较稳定、安全。通常企业中存储重要数据时采用机械盘而不是固态盘。

■ **参考答案** （1）D

● 在存储体系中位于主存与 CPU 之间的高速缓存（Cache）用于存放主存中部分信息的副本，主存地址与 Cache 地址之间的转换工作＿（2）＿。

（2）A．由系统软件实现　　B．由硬件自动完成

C．由应用软件实现　　D．由用户发出指令完成

■ **试题分析** 本题考查高速缓存的基础知识，计算机系统中设置高速缓存的目的是为了解决高速的 CPU 和低速的存储器之间速度不匹配的问题。在 Cache 中主存地址和 Cache 地址之间的转换工作由硬件自动完成。

高速缓存 Cache 有如下特点：它位于 CPU 和主存之间，由硬件实现；容量小，一般在几 KB 到几 MB 之间；速度一般比主存快 5 到 10 倍，由快速半导体存储器制成；其内容是主存内容的副本，对程序员来说是透明的；Cache 既可存放程序又可存放数据。

Cache 主要由两部分组成：Cache 存储器部分和控制部分。Cache 存储器部分用来存放主存的部分拷贝。控制部分的功能是：判断 CPU 要访问的信息是否在 Cache 存储器中，若在即为命中，若不在则没有命中。命中时直接对 Cache 存储器寻址。未命中时，若是读取操作，则从主存中读取数据，并按照确定的替换原则把该数据写入 Cache 存储器中；若是写入操作，则将数据写入主存即可。

■ **参考答案** （2）B

● 在计算机的存储系统中，__(3)__属于外存储器。

（3）A．硬盘 B．寄存器 C．高速缓存 D．内存

■ 试题分析 硬盘、U盘等是计算机中最为典型的外部存储器，内部存储器主要是内存。

■ 参考答案 （3）A

【考核方式5】考核总线与中断等输入/输出的控制方法。

● 在计算机外部设备和主存之间直接传送而不是由CPU执行程序指令进行数据传送的控制方式称为__(1)__。

（1）A．程序查询方式 B．中断方式
C．并行控制方式 D．DMA方式

■ 试题分析 在计算机中，实现计算机与外部设备之间数据交换常使用的方式有无条件传送、程序查询、中断和直接存储器存取（Direct Memory Access，DMA）。其中前三种都是通过CPU执行某一段程序，实现计算机内存与外设间的数据交换。只有在DMA方式下，CPU交出计算机系统总线的控制权，不参与内存与外设间的数据交换。而当计算机以DMA方式工作时，在DMA控制硬件的控制下，实现内存与外设间数据的直接传送，并不需要CPU参与工作。由于DMA方式是在DMA控制器硬件的控制下实现数据的传送，不需要CPU执行程序，故这种方式传送的速度最快。

■ 参考答案 （1）D

● 微机系统中系统总线的__(2)__是指单位时间内总线上传送的数据量。

（2）A．主频 B．工作频率 C．位宽 D．带宽

■ 试题分析 总线（Bus）是连接计算机有关部件的一组信号线，是计算机中用来传送信息的公共通道。通过总线，计算机内的各部件之间可以相互通信，而不是任意两个部件之间直连，从而大大提高系统的可扩展性。单位时间内总线上传送的数据量称为总线的带宽。

■ 参考答案 （2）D

● 以下I/O数据传送控制方式中，对CPU运行影响最大的是__(3)__。

（3）A．程序直接控制 B．中断方式
C．直接存储器存取方式 D．通道控制方式

■ 试题分析 直接程序控制方式的特点是：CPU直接通过输入输出（Input/Output，I/O）指令对I/O设备进行访问操作，主机与外设之间交换信息的每个步骤均在程序中表现出来。整个数据的输入与输出过程是由CPU执行程序来完成的。这种方式对CPU资源的占用率最高。

■ 参考答案 （3）A

● 计算机数据总线的宽度是指__(4)__。

（4）A．通过它一次所能传递的字节数 B．通过它一次所能传递的二进制位数
C．CPU能直接访问的主存单元的个数 D．CPU能直接访问的磁盘单元的个数

■ 试题分析 本题考的是基础概念，计算机数据总线的宽度是指总线中一次能传输的二进制数的位数。

■ **参考答案** （4）B

【考核方式 6】考核分辨率或者字节量的计算。

● 使用图像扫描仪以 300DPI 的分辨率扫描一幅 3 英寸×3 英寸的图片，可以得到__（1）__个像素的数字图像。

（1）A．100×100　　B．300×300　　C．600×600　　D．900×900

■ **试题分析** 这种类型的计算题是网络管理员考试中经常考到的一个基础考点，考生一定要对这种类型题的基本计算原理熟练掌握。基本计算公式：像素点个数=每行总像素×每列的总像素=（行长度×分辨率）×（列长度×分辨率）。打印或者扫描一幅画是由很多像素点组成的，每一行有 300×3 个像素点，一共有 300×3 这么多行，因此总的像素点个数=行数×每行像素点=900×900 个。

■ **参考答案** （1）D

2．存储一个 32×32 点阵的汉字（每个点占用 1bit），需用__（2）__B。

（2）A．24　　B．32　　C．48　　D．128

■ **试题分析** 由于每个点实际占用 1bit，因此存储一个 32×32 点阵的汉字需要 32×32(bit)。由于 8 比特就是 1 个字节，因此实际需要 32×32/8=128 字节。

■ **参考答案** （2）D

知识点：计算机软件

知识点综述

计算机软件部分涉及到的知识点主要有：信息化基础概念、Office 软件常用操作、常用文件的扩展名、软件开发的基础概念、计算机中数的表示和运算、关系数据库模型等几个部分。本知识点的体系图谱如图 1-3 所示。

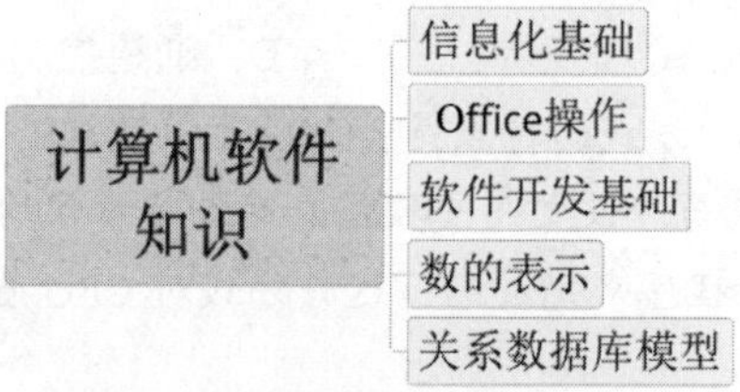

计算机软件知识
- 信息化基础
- Office操作
- 软件开发基础
- 数的表示
- 关系数据库模型

图 1-3　计算机软件知识体系图谱

参考题型

【考核方式 1】考核信息化的基本概念。

● 通常企业在信息化建设时需要投入大量的资金，成本支出项目多且数额大。在企业信息化建设的成本支出项目中，系统切换费用属于<u>（1）</u>。

（1）A．设施费用　　B．设备购置费用
C．开发费用　　D．系统运行维护费用

■ 试题分析　信息化建设过程中，随着技术的发展，原有的信息系统不断被功能更强大的新系统所取代，所以需要系统转换。系统转换，也就是系统切换与运行，是指以新系统替换旧系统的过程。系统成本分为固定成本和运行成本。其中设备购置费用、设施费用、软件开发费用属于固定成本，为购置长期使用的资产而发生的成本。而系统切换费用属于系统运行维护费用。

■ 参考答案　（1）D

● 问卷的设计是问卷调查的关键，其设计原则不包括<u>（2）</u>。

（2）A．所选问题必须紧扣主题，先易后难
B．要尽量提供回答选项
C．应便于校验、整理和统计
D．问卷中应尽量使用专业术语，让他人无可挑剔

■ 试题分析　问卷是面向大众群体的，应当简洁易懂，避免使用一些特别专业的术语，以免因为大众群体不理解问卷的问题，而造成调查的结果不准确。

■ 参考答案　（2）D

● 以下关于企业信息化建设的叙述中，错误的是<u>（3）</u>。

（3）A．应从技术驱动的角度来构建企业一体化的信息系统
B．诸多信息孤岛催生了系统之间互联互通整合的需求
C．业务经常变化引发了信息系统灵活适应变化的需求
D．信息资源共享和业务协同将使企业获得更多的回报

■ 试题分析　构建企业一体化的信息系统不应仅仅考虑技术的因素，更多考虑的是企业本身的信息需求，这样才能使信息化系统发挥最大的效率，提高企业的信息化水平。

■ 参考答案　（3）A

● 天气预报、市场信息都会随时间的推移而变化，这体现了信息的<u>（4）</u>。

（4）A．载体依附性　　B．共享性　　C．时效性　　D．持久性

■ 试题分析　信息的时效性是指从信息源发送信息后经过接收、加工、传递、利用的时间间隔及其效率。通常来说，时间间隔越短，时效性越强，使用程度越高，价值越大。

■ 参考答案　（4）C

【考核方式2】Office软件的操作。

● 在Excel的A1单元格中输入="round(14.9,0)"，按回车键之后，A1中的值为<u>（1）</u>。

（1）A．10　　B．14.9　　C．13.9　　D．15

■ 试题分析　本题是考查Excel中的基本函数，其中Round函数的基本格式是ROUND(number, num_digits)。

如果 num_digits 大于 0（零），则将数字四舍五入到指定的小数位。

如果 num_digits 等于 0，则将数字四舍五入到最接近的整数。

如果 num_digits 小于 0，则在小数点左侧前几位进行四舍五入。

考生在平时复习中一定要充分了解 Excel 软件中一些常用的函数的作用，如 count、sum、round、If、and、or 等以及这些函数的常用参数。

■ 参考答案（1）D

● 在 Excel 中，若在 A1 单元格输入如下图所示的内容，则 A1 的值为__（2）__。

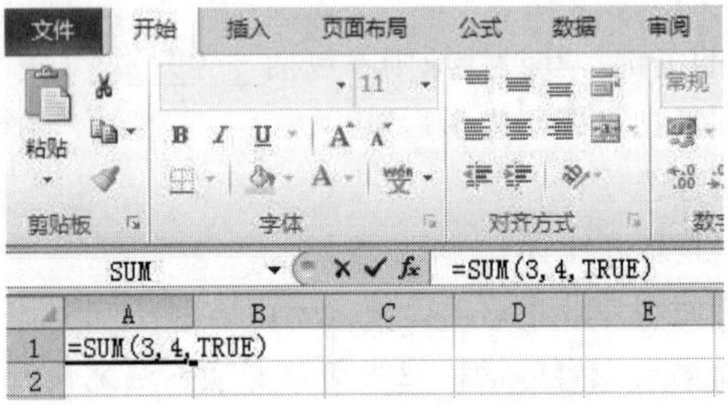

（2）A．7　　B．8　　C．TRUE　　D．#NAME?

■ 试题分析 Excel 的常用操作和常用的公式、函数是考试的一个重点，因此需要考生掌握 Excel 的基本操作，尤其是常用的函数的作用。本题实际上就是考查 Excel 中逻辑型 TRUE 值对应的数值是 1。

■ 参考答案（2）B

● 在 Excel 中，设单元格 F1 的值为 38，若在单元格 F2 中输入公式“=IF(AND(38<F1,F1<100),“输入正确”,“输入错误”)”，则单元格 F2 显示的内容为__（3）__。

（3）A．输入正确　　B．输入错误　　C．TRUE　　D．FALSE

■ 试题分析 本题实际上是考查 Excel 中的常用函数 IF 的作用，IF 函数有 3 个参数，第一个通常是一个逻辑型的值，函数最终的返回结果取决于第一个参数的逻辑值。如果逻辑型的值为 TRUE，这个函数最终的返回结果是第 2 个参数，如果逻辑值为 FALSE，这个函数最终的返回结果为第 3 个参数。本题中的第一个参数为 AND(38<F1, F1<100)，这个参数本身也是一个函数 AND。当 AND 函数的 2 个参数全部都为 TRUE 的时候，结果返回 TRUE，其他情况返回 FALSE。而此时 F1 等于 38，38<F1 的结果为 FALSE，IF<100 为 TRUE，最终 AND(38<IF,IF<100)的结果为 FALSE，因此最终 IF 函数的返回结果是第 2 个参数，也就是“输入错误”。

■ 参考答案（3）B

● Word 2010 文档不能另存为__（4）__文件类型。

A．PDF　　B．纯文本　　C．网页　　D．PSD

■ 试题分析 Office 文档的基本操作与概念题型，需要对 Office 常用软件，尤其是 Excel 和 Word 的常用概念熟悉。显然，PSD 文件是一种图像文件，Word 不能直接支持这种类型。

■ 参考答案（4）D

【考核方式3】考查考生对软件开发基本概念的理解。

- 将某高级语言程序翻译为汇编语言形式的目标程序，该过程称为__（1）__。

（1）A．编译　　B．解释　　C．汇编　　D．解析

■ 试题分析 计算机软件的执行形式主要有两种，一种是将高级语言源代码编译后，连接成目标代码，再执行，这种形式代码的执行效率比较高，如C语言就是使用编译的形式。另一种是以解释的形式执行，每次执行一条语句，这种形式代码的执行效率相对较低，典型的如Basic语言；或者先编译成字节码，再在虚拟机中解释执行，如Java。

■ 参考答案 （1）A

- 以下关于用户界面设计的描述中，不恰当的是__（2）__。

（2）A．以用户为中心，理解用户的需求和目标，反复征求用户的意见
B．按照业务处理顺序、使用频率和重要性安排菜单和控件的顺序
C．按照功能要求设计分区、多级菜单，提高界面友好性和易操作性
D．错误和警告信息应标出错误代码和出错内存地址，便于自动排错

■ 试题分析 人机界面设计应该考虑以下原则：

1）以用户为中心的基本设计原则。在系统的设计过程中，要抓住用户的特征，发现用户的需求。在系统整个开发过程中要不断地征求用户的意见，向用户咨询。

2）顺序原则。即按照处理事件顺序、访问查看顺序与控制工艺流程等设计监控管理和人机对话主界面及其二级界面。

3）功能原则。即按照对象的应用环境及场合具体使用功能的要求，各种子系统控制类型、不同管理对象的同一界面并行处理要求和多项对话交互的同时性要求等，设计功能区分、多级菜单、分层提示信息和多项对话栏并举等的人机交互界面，提高其友好性和易操作性。

4）一致性原则。包括色彩的一致，操作区域的一致，文字的一致。

5）频率原则。即按照管理对象的对话交互频率高低设计人机界面的层次顺序和对话窗口菜单的显示位置等，提高监控和访问对话的频率。

6）重要性原则。即按照管理对象在控制系统中的重要性和全局性水平，设计人机界面的主次菜单和对话窗口的位置和突显性，从而有助于管理人员把握好控制系统的主次，实施好控制决策的顺序，实现最优调度和管理。

7）面向对象原则。即按照操作人员的身份特征和工作性质，设计与之相适应和友好的人机界面。根据其工作需要，宜以弹出式窗口显示提示、引导和帮助信息，从而提高用户的交互水平和效率。

对于错误和警告信息必须选用用户明了、含义准确的术语描述，同时还应尽可能提供一些有关错误恢复的建议。此外，显示出错信息时，若再辅以听觉（铃声）、视觉（专用颜色）刺激，则效果更佳。

■ 参考答案 （2）D

【考核方式4】考查考生对操作系统基本概念的了解。

● 操作系统的主要任务是__(1)__。

（1）A．把源程序转换为目标代码
B．负责文字格式编排和数据计算
C．负责存取数据库中的各种数据，完成 SQL 查询
D．管理计算机系统中的软、硬件资源

■ 试题分析 操作系统的主要功能是管理计算机系统中的各种资源，包括硬件资源、软件资源和数据资源。它可以控制程序运行、改善人机界面、为其他应用软件提供支持等。它能使计算机系统所有资源最大限度地发挥作用，为用户提供方便、有效、友善的服务界面。操作系统是一个庞大的管理控制程序，可以细分为以下5个方面的管理功能：进程与处理机管理、作业管理、存储管理、设备管理、文件管理。

■ 参考答案 （1）D

【考核方式4】考查考生对行业相关的新技术的了解。

● 以下关于人工智能（AI）的叙述中，不正确的是__(1)__。

（1）A．AI不仅是基于大数据的系统，更是具有学习能力的系统
B．现在流行的人脸识别和语音识别是典型的人工智能应用
C．AI技术的重点是让计算机系统更简单
D．AI有助于企业更好地进行管理和决策

■ 试题分析 人工智能（Artificial Intelligence，AI）是研究、开发用于模拟、延伸和扩展人的智能的理论、方法、技术及应用系统的一门新的技术科学。人工智能是研究通过计算机来模拟人的某些思维过程和智能行为（如学习、推理、思考、规划等）的学科，主要包括计算机实现智能的原理、制造类似于人脑智能的计算机，使计算机能实现更高层次的应用。

■ 参考答案 （1）C

● 云存储系统通过集群应用和分布式存储技术将大量不同类型的存储设备集合起来协调工作，提供企业级数据存储、管理、业务访问、高效协同的应用系统及存储解决方案。对云存储系统的要求不包括__(2)__。

（2）A．统一存储，协同共享　　B．多端同步，实时高效
C．标准格式，存取自由　　D．安全稳定，备份容灾

■ 试题分析 云存储是指通过集群应用、网络技术或分布式文件系统将网络中多种不同类型的存储设备通过应用软件集合起来协同工作，共同对外提供数据存储和业务访问功能的一个系统。这种存储方式既可以保证数据的安全性，还节约存储空间。使用者在任何时间、任何地点，通过任何连网的装置都可以到云上方便地存取数据。对于云存储系统而言，要求能够进行统一存储，以便进行共享。用户可以通过不同的方式访问，可以实现实时高效的访问。由于云存储资源高度集中，因此要求安全稳定。一般的存储系统都会有相应的备份容灾方案以提高云

存储系统的可用性。

■ **参考答案** （2）C

- 云计算的特点不包括__（3）__。

（3）A．高可靠性　　B．动态可扩展

C．按需部署　　D．免费使用

■ **试题分析** 云计算是一种提供资源的网络服务，用户可以随时获得“云”上的各种资源，按需使用。云上的资源可以非常方便地扩展，用户使用云上的资源时，只要按使用量付费就可以。考试中可能会涉及一些当前行业中流行的技术，如物联网，数字货币，区块链，人工智能等。

■ **参考答案** （3）D

【考核方式5】考查考生对软件测试概念的了解。

- 以下关于软件测试的叙述中，正确的是__（1）__。

（1）A．软件测试的目的是为了证明软件是正确的

B．软件测试是为了发现软件中的错误

C．软件测试在软件实现之后开始，在软件交付之前完成

D．如果对软件进行了充分的测试，那么交付时软件就不再存在问题了

■ **试题分析** 软件测试的目的是为了尽可能多地发现软件中的错误。但软件测试并不仅仅是为了发现错误。通过分析错误产生的原因和错误分布的特征，能帮助项目管理人员发现当前所开发的软件的缺陷，以便改进。同时，通过分析也能帮助程序员设计出有针对性的检测方法，改善测试的有效性。特别注意的是，没有发现错误的测试也是有价值的。不管软件在测试阶段如何进行测试，都很难保障交付时软件就不再存在问题了。

■ **参考答案** （1）B

- 在软件测试中，高效的测试是指__（2）__。

（2）A．用较多的测试用例说明程序的正确性

B．用较多的测试用例说明程序符合要求

C．用较少的测试用例发现尽可能多的错误

D．用较少的测试用例纠正尽可能多的错误

■ **试题分析** 在软件测试中，高效的测试是指通过使用较少的测试用例发现尽可能多的错误。

■ **参考答案** （2）C

【考核方式6】考核常用文件的扩展名。

- 以下文件扩展名中，__（1）__表示图像文件为动态图像格式。

（1）A．BMP　　B．PNG　　C．MPG　　D．JPG

■ **试题分析** Moving Pictures Experts Group（MPG）是运动图像专家组的意思，因此是动态图像格式，类似的还有Gif。其余三种都是静态图像格式。

■ **参考答案** （1）C

- 以下文件格式中，__（2）__属于声音文件格式。

  （2）A．XLS　　B．AVI　　C．WAV　　D．GIF

■ 试题分析　常见的声音文件格式主要有以下几种类型：mp3、wma、wav 等，类似的扩展名还有对应的视频文件和程序设计软件的源代码文件对应扩展名都需要了解，详见下表。

文件类型	扩展名
音频文件	wav，mp3，midi，wma，ra，amr，ape，flac，aac
文档文件	txt，doc，docx，hlp，wps，rtf，html，pdf，xls
视频文件	mpg，mp4，avi，asf，mov，swf，rm
图形文件	bmp，gif，jpg，jpeg，pic，png，tif，psd
程序文件	c，java，cpp，asp，jsp，php，vbp，py

■ 参考答案　（2）C

【考核方式 7】考核数的表示和计算。

- 计算机中常采用原码、反码、补码和移码表示数据，其中，±0 编码相同的是__（1）__。

  （1）A．原码和补码　　B．反码和补码　C．补码和移码　　D．原码和移码

■ 试题分析　机器字长为 n 的数据表示方式如下所示。

符号位	数值绝对值
1位	n-1位

设定 n 为 8 时，±0 编码的原码、反码、补码表示如下：

原码

$[+0]_{原}$=0 0000000，$[-0]_{原}$ =1 0000000

反码

$[+0]_{反}$=0 0000000，$[-0]_{反}$=1 1111111

补码

$[+0]_{补}$=0 0000000，$[-0]_{补}$=0 0000000

移码（又称为增码或偏码）常用于表示浮点数中的阶码。移码=真值 X+常数，该常数又称偏置值，相当于 X 在数轴上向正向偏移了若干单位，这就是“移码”一词的由来。即对字长为 n 的计算机，若最高位为符号位，数值为 n-1 位。当偏移量取 2^{n-1} 时，其真值 X 对应的移码的表示公式为：

$$[X]_{移} = 2^{n-1} + x \quad (-2^{n-1} \leqslant x < 2^{n-1})$$

可以知道$[X]_{移}$可由$[X]_{补}$求得，方法是把$[X]_{补}$的符号位求反，即可得到$[X]_{移}$。

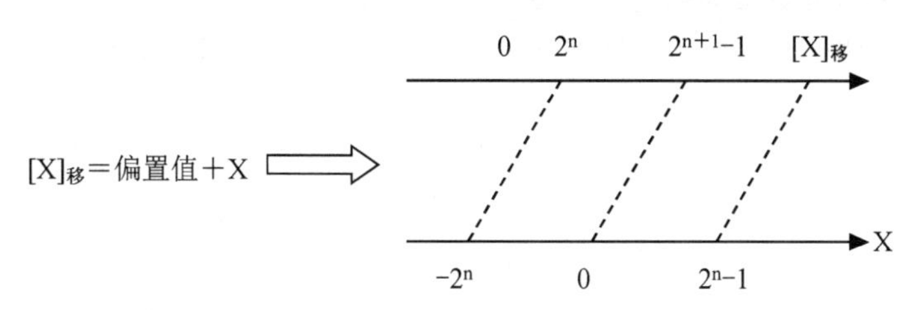

移码和真值的映射图

移码的特点：

①移码的最高位为 0 表示负数，最高位为 1 表示正数，这与原码、补码及反码的符号位取值正好相反。

②移码为全 0 时，它对应的真值最小；为全 1 时，它对应的真值最大。

③真值 0 的移码表示是唯一的，即[+0]移=[-0]移=10000。

④同一数值的移码和补码，除最高位相反外，其他各位相同。

网络管理员考试中，常考一些特殊数字的补码表示形式或者 n 比特长的补码所表示数的范围。因此，考生在复习的时候，要记牢一些特殊数字的补码表示及表示的范围。

■ **参考答案** C

● 对于十进制数-1023，至少需要<u>（2）</u>个二进制位表示该数（包括符号位）。

（2）A．8　　B．9　　C．10　　D．11

■ **试题分析** 本题是一道简单的进制转换题，通常符号为固定在最左边第一位，因为是负数，其中的符号位固定使用 1 表示。其余的部分是真值，直接进行换算即可。1023 对应的二进制数是 1111 1111 11，再加上前面的符号位，一共是 11 位。

■ **参考答案** （2）D

● 若机器字长为 8 位，则可表示出十进制整数 -128 的编码是<u>（3）</u>。

（3）A．原码　　B．反码　　C．补码　　D．ASCII 码

■ **试题分析** 本题考查的是数的表示，需要掌握典型的原码、反码、补码的表示和运算。其中反码表示：正数的反码与其原码相同。负数的反码是对其原码逐位取反，但符号位除外。通常，8 位二进制码能表示的反码范围是-127~127。-128 没有反码。

-0，[-0]原码=1000 0000，其中 1 是符号位，因此 8 位的原码表示不出-128。根据反码规定，算出[-0]反码=1111 1111，再看-128，[-128]原码=1000 0000，假如让-128 也有反码，根据反码规定，则[-128]反码=1111 1111，可以发现，-128 的反码和-0 的反码相同，所以为了避免混淆，有了-0，便不能有-128，这是反码规则决定的。

补码中也有规定 1000 0000 定为 -128 的补码。

■ **参考答案** （3）C

【考核方式 8】考核关系数据库的基本模型。

- 关系型数据库是指通常采用关系模型创建的数据库，下列不属于关系模型的是___(1)___。

　　(1) A. 一对一　　B. 一对多　　C. 多对多　　D. 列模型

■ 试题分析　本题考查的是关系数据库模型的基本概念。在关系模型中，不同的实体之间的联系有三种，分别是一对一、一对多、多对多。本题中的选项 D 是一个干扰项。

■ 参考答案　(1) D

- 学校中的学生作为一个实体，与其学习的课程（另一个实体）之间的联系是___(2)___。

　　(2) A. 一对多　　B. 多对一　　C. 一对一　　D. 多对多

■ 试题分析　本题主要是考查关系数据模型中实体之间的关系类型。在学生和课程的关系模型中，通常一个学生可以选择多门课程，同时一门课程也可以被多个学生选择，因此学生和课程之间的联系可以认为是一种多对多的联系。

■ 参考答案　(2) D

知识点：知识产权

知识点综述

知识产权的考核分值比较固定，每次考试都会有 1～2 分，绝大部分是考查软件著作权的知识，偶尔考到专利和其他知识产权相关的概念，本知识点的体系图谱如图 1-4 所示。

知识产权 — 软件著作权 — 著作权时间 / 著作权许可 / 著作权归属

图 1-4　知识产权知识体系图谱

参考题型

【考核方式 1】考核著作权的相关时间概念。

- ___(1)___是构成我国保护计算机软件著作权的两个基本法律文件。单个自然人的软件著作权保护期为___(2)___。

　　(1) A.《中华人民共和国软件法》和《计算机软件保护条例》
　　B.《中华人民共和国著作权法》和《中华人民共和国版权法》
　　C.《中华人民共和国著作权法》和《计算机软件保护条例》
　　D.《中华人民共和国软件法》和《中华人民共和国著作权法》

　　(2) A. 50 年　　B. 自然人终生及其死亡后 50 年
　　C. 永久限制　　D. 自然人终生

■ **试题分析** 我国保护计算机软件著作权的两个基本法律是《中华人民共和国著作权法》和《计算机软件保护条例》。单个自然人的软件著作权保护期为终生及其死后50年。

■ **参考答案** （1）C （2）B

【考核方式2】考核著作权的许可。

● 根据《计算机软件保护条例》的规定，当软件__（1）__后，其软件著作权才能得到保护。

（1）A．作品发表　　B．作品创作完成并固定在某种有形物体上
　　C．作品创作完成　　D．作品上加注版权标记

■ **试题分析** 根据计算机软件保护条例的规定，只有当作品创作完成，才能得到保护。与作品是否发表无关，不管作品是否发表，它都将得到软件保护条例的保护。

■ **参考答案** （1）C

【考核方式3】考核著作权归属。

● 以下说法中，错误的是__（1）__。

（1）A．张某和王某合作完成一款软件，他们可以约定申请的知识产权只属于张某
　　B．张某和王某共同完成了一项发明创造，在没有约定的情况下，如果张某要对其单独申请专利就必须征得王某的同意
　　C．张某临时借调到某软件公司工作，在执行该公司交付任务的过程中，张某完成的发明创造属于职务发明
　　D．甲委托乙开发了一款软件，在没有约定的情况下，由于甲提供了全部的资金和设备，因此该软件著作权属于甲

■ **试题分析** 委托开发著作权的归属有两种基本情况。有合同约定的，按照合同约定执行；没有合同明确约定著作权归属的情况下，著作权属于开发者。

■ **参考答案** （1）D

课堂练习

● 在CPU中，__（1）__不仅要保证指令的正确执行，还要能够处理异常事件。

（1）A．运算器　　B．控制器　　C．寄存器组　　D．内部总线

● 在CPU中用于跟踪指令地址的寄存器是__（2）__。

（2）A．地址寄存器（MAR）　　B．数据寄存器（MDR）
　　C．程序计数器（PC）　　D．指令寄存器（IR）

● 计算机执行程序时，CPU中__（3）__的内容总是一条指令的地址。

（3）A．运算器　　B．控制器
　　C．程序计数器　　D．通用寄存器

● 以下关于Cache的叙述中，正确的是__（4）__。

（4）A．在容量确定的情况下，替换算法的时间复杂度是影响 Cache 命中率的关键因素
B．Cache 的设计思想是在合理成本下提高命中率
C．Cache 的设计目标是容量尽可能与主存容量相等
D．CPU 中的 Cache 容量应大于 CPU 之外的 Cache 容量

● ＿（5）＿是使用电容存储信息且需要周期性地进行刷新的存储器。

（5）A．ROM　　B．DRAM　　C．EPROM　　D．SRAM

● 总线复用方式可以＿（6）＿。

（6）A．提高总线的传输带宽　　B．增加总线的功能
C．减少总线中信号线的数量　　D．提高 CPU 利用率

● 软件测试的对象不包括＿（7）＿。

（7）A．程序　　B．数据　　C．文档　　D．环境

● 某市场调研公司对品牌商品销售情况进行调查后，得到下图（a）所示的销量统计数据。将图（a）所示的销售量按产品类别分类汇总，得到如图（b）所示的汇总结果。

	A	B	C	D
1	产品	销售日期	销售地点	销售量
2	Huawei畅享9	1月9日	国美	56
3	Huawei畅享9	1月9日	科技路专卖店	46
4	Huawei畅享9	1月9日	民生	58
5	**Huawei畅享9 汇总**			160
6	Iphone7	1月9日	国美	39
7	Iphone7	1月9日	科技路专卖店	38
8	Iphone7	1月9日	民生	26
9	**Iphone7 汇总**			103
10	VivoZ3	1月9日	国美	28
11	VivoZ3	1月9日	科技路专卖店	32
12	VivoZ3	1月9日	民生	23
13	**VivoZ3 汇总**			83
14	**总计**			346
15				

图（a）

	A	B	C	D
1	产品	销售日期	销售地点	销售量
2	Huawei畅享9	1月9日	国美	56
3	Iphone7	1月9日	国美	39
4	VivoZ3	1月9日	国美	28
5	Huawei畅享9	1月9日	科技路专卖店	46
6	Iphone7	1月9日	科技路专卖店	38
7	VivoZ3	1月9日	科技路专卖店	32
8	Huawei畅享9	1月9日	民生	58
9	Iphone7	1月9日	民生	26
10	VivoZ3	1月9日	民生	23

图（b）

在进行分类汇总前，应先对图（a）的数据记录按＿（8）＿字段进行排序；选择“数据/分类汇总”命令，在弹出的“分类汇总”对话框的“选定汇总项”列表框中，选择要进行汇总的＿（9）＿字

段，再点击确认键。

（8）A．销售地点　　B．销售日期　　C．产品　　D．销售量

（9）A．销售地点　　B．销售日期　　C．产品　　D．销售量

- 在软件测试中，高效的测试是指__（10）__。

（10）A．用较多的测试用例说明程序的正确性

B．用较多的测试用例说明程序符合要求

C．用较少的测试用例发现尽可能多的错误

D．用较少的测试用例纠正尽可能多的错误

- 使用白盒测试方法时，确定测试用例应根据__（11）__和指定的覆盖标准。

（11）A．程序的内部逻辑　　B．程序结构的复杂性

C．使用说明书　　D．程序的功能

- 信息系统的智能化维护不包括__（12）__。

（12）A．自动修复设备和软件故障　　B．针对风险做出预警和建议

C．分析定位风险原因和来源　　D．感知和预判设备健康和业务运作的情况

- 以下关于数的定点表示和浮点表示的叙述中，不正确的是__（13）__。

（13）A．定点表示法表示的数（称为定点数）常分为定点整数和定点小数

B．定点表示法中，小数点需要一个存储位

C．浮点表示法用阶码和尾数来表示数，称为浮点数

D．在总数相同的情况下，浮点表示法可以表示更大的数

- 若某整数的16位补码为$FFFF_H$（H表示十六进制），则该数的十进制值为__（14）__。

（14）A．0　　B．-1　　C．$2^{16}-1$　　D．$-2^{16}+1$

- 若计算机采用8位整数补码表示数据，则__（15）__运算将产生溢出。

（15）A．-127+1　　B．-127-1　　C．127+1　　D．127-1

- 利用__（16）__可以对软件的技术信息、经营信息提供保护。

（16）A．著作权　　B．专利权　　C．商业秘密权　　D．商标权

- 中国企业M与美国公司L进行技术合作，合同约定企业M使用一项在有效期内的美国专利，但该项美国专利未在中国和其他国家提出申请。对于企业M销售依照该专利生产的产品，以下叙述正确的是__（17）__。

（17）A．在中国销售，M需要向L支付专利许可使用费

B．返销美国，M不需要向L支付专利许可使用费

C．在其他国家销售，M需要向L支付专利许可使用费

D．在中国销售，M不需要向L支付专利许可使用费

- 软件设计师王某在其公司的某一综合信息管理系统软件开发工作中承担了大部分程序设计工作。该系统交付用户，投入试运行后，王某辞职离开公司，并带走了该综合信息管理系统的源程序，拒不交还公司。王某认为，综合信息管理系统源程序是他独立完成的，他是综合信息管

理系统源程序的软件著作权人。王某的行为__（18）__。

（18）A．侵犯了公司的软件著作权　　B．未侵犯公司的软件著作权

C．侵犯了公司的商业秘密权　　D．不涉及侵犯公司的软件著作权

● 数据库系统中，构成数据模型的三要素是__（19）__。

（19）A．网状模型、关系模型、面向对象模型

B．数据结构、网状模型、关系模型

C．数据结构、数据操作、完整性约束

D．数据结构、关系模型、完整性约束

试题分析

试题1分析：CPU中运算器负责算术和逻辑运算。而控制器则负责相关的控制，这里要能保证正确执行，必须是控制器要能根据相关信号给出处理。

■ **参考答案**（1）B

试题2分析：程序计数器（PC）存储指令，用于跟踪指令地址，可以被程序员访问。

指令寄存器（IR）暂存内存取出的指令，不能被程序员访问。

存储器数据寄存器（MDR）和存储器地址寄存器（MAR）暂存内存数据，不能被程序员访问。

■ **参考答案**（2）C

试题3分析：计算机中的程序计数器（PC）的内容存放的是下一条指令的地址，这样计算机才能不断地执行下一条指令。

■ **参考答案**（3）C

试验4分析：不同情况下，不同算法的Cache命中率并不相同。Cache的设计思想是基于分级存储的，Cache存储速度比主存快，但容量一定比主存小；同理，CPU中的Cache容量比CPU之外的Cache容量要小。

■ **参考答案**（4）B

试题5分析：动态随机存储器（Dynamic Random Access Memory，DRAM），在使用中需要进行周期性刷新，保持数据不丢失，访问速度比静态随机存储器（Static Random Access Memory，SRAM）低，但是造价也低。主要用于计算机的内存。

■ **参考答案**（5）B

试题6分析：总线复用指的是数据和地址在同一个总线上传输的方式。这种方式可以减少总线中信号线的数量。

■ **参考答案**（6）C

试题7分析：需求分析、概要设计、详细设计以及程序编码等各个阶段所得到的文档，包括需求规格说明书、概要设计规格说明，详细设计规格说明以及源程序，都是软件测试的对象。

■ **参考答案**（7）D

试题8、9分析：进行分类汇总之前，必须将数据按照需要分类的标记排序，本题中是按照产品分类，因此先按照产品排序，再进行分类汇总操作，关键的分类标准确定之后，就是考虑汇总操作的字段和汇总操作，这里汇总操作是求和，字段是销售量。

■ **参考答案** （8）C （9）D

试题10分析：在软件测试中，高效的测试是指用较少的测试用例发现尽可能多的错误。

■ **参考答案** （10）C

试题11分析：白盒测试又称结构测试或者逻辑驱动测试。白盒测试法，全面了解程序内部逻辑结构，对所有逻辑路径进行测试。白盒测试法对测试的覆盖标准主要有逻辑覆盖、循环覆盖和基本路径测试。

■ **参考答案** （11）A

试题12分析：信息系统智能化维护包含风险定位及预警，判断设备健康状况及业务运作情况。

■ **参考答案** （12）A

试题13分析：计算机中数的表示主要是定点数和浮点数，其中定点数常用定点整数和定点小数表示，而小数点的位置通常约定一个固定的位置，而不是用一个存储位来表示。

■ **参考答案** （13）B

试题14分析：n位的原码、反码、补码能表示的数据范围如下图所示。

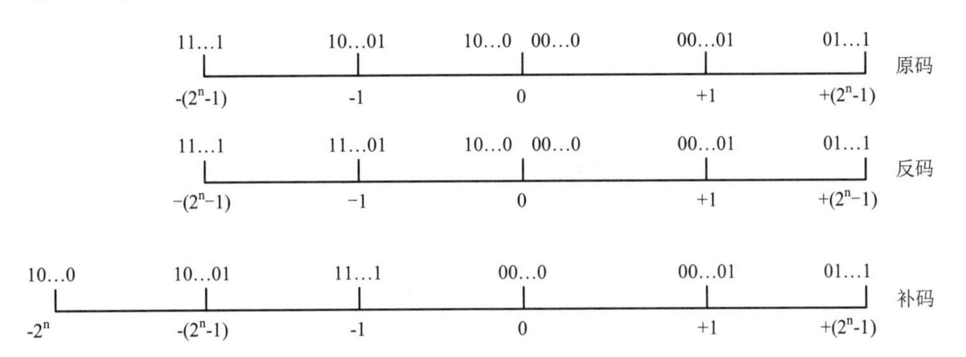

在补码表示中，$[+0]_{补}$=0 000000000000000=$[-0]_{补}$。

已知补码求原码的方法为：符号位不变，其他各位取反，再+1。

本题$FFFF_H$，保留符号位，按位取反，再加1，结果为-1。

■ **参考答案** （14）B

试题15分析：8位补码表示的数据范围为-128～127，因此127+1运算将产生溢出。

■ **参考答案** （15）C

试题16分析：《中华人民共和国反不正当竞争法》第十条规定，经营者不得采用下列手段侵犯商业秘密：

（一）以盗窃、利诱、胁迫或者其他不正当手段获取权利人的商业秘密。

（二）披露、使用或者允许他人使用以前项手段获取的权利人的商业秘密。

（三）违反约定或者违反权利人有关保守商业秘密的要求，披露、使用或者允许他人使用其所掌握的商业秘密。

第三人明知或者应知前款所列违法行为，获取、使用或者披露他人的商业秘密，视为侵犯商业秘密。

本条所称的商业秘密，是指不为公众所知悉、能为权利人带来经济利益、具有实用性并经权利人采取保密措施的技术信息和经营信息。

■ **参考答案** （16）C

试题 17 分析：本题是一个基本的专利权使用费的问题，因为 L 没有在中国区域申请专利权，则不需要向其支付专利费用。

■ **参考答案** （17）D

试题 18 分析：本题是一道关于软件著作权中职务开发作品的软件著作权的归属问题，通常的职务开发中，软件著作权归对应的公司或者企业所有。

■ **参考答案** （18）A

试题 19 分析：数据模型能精确地描述系统的静态特征（数据结构）、动态特征（数据操作）和完整性约束条件，也就是人们常说的数据模型三要素。

■ **参考答案** （19）C

第2章 网络体系结构

知识点图谱与考点分析

在网络管理员考试中直接考网络体系结构的分值大约为0～2分，尽管直接考网络参考模型基础概念的分值不高，但是这个参考模型是整个网络的基础，必须要掌握。本章主要掌握开放式系统互联通信参考模型（Open System Interconnection Reference Model，OSI）和TCP/IP参考模型（TCP/IP Reference Model）中的层次概念和两个模型之间特点的比较，其主要知识体系图谱如图2-1所示。

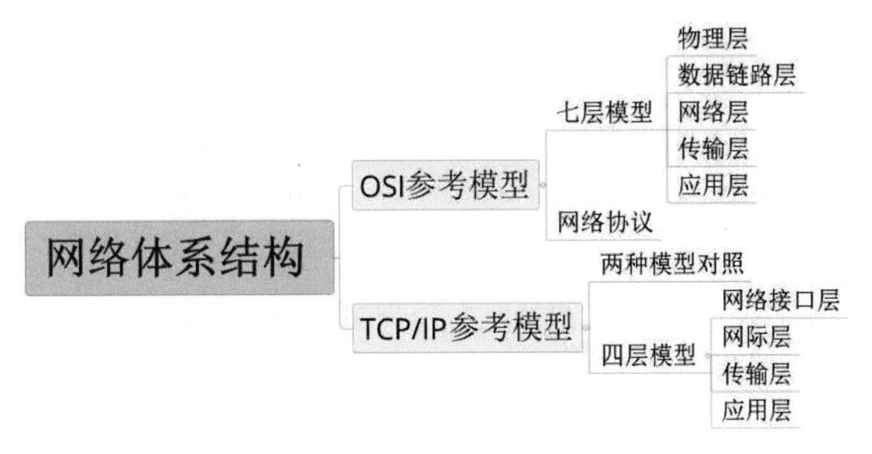

图2-1　网络体系结构知识点体系图谱

在历年考试中，其考核的内容主要集中在上午的选择题部分。

知识点：网络参考模型

知识点综述

本知识点中，主要了解模型中上下层协议之间的相对关系。其中的封装就是指 OSI 参考模型的某个层使用特定方式描述信道中来回传送的数据。数据从高层向低层传送的过程中，每层都对接收到的原始数据添加一些信息，通常是附加一个报头或者报尾，这个过程称为封装。另外注意协议数据单元（Protocol Data Unit，PDU）用于对等层次之间传送的数据单位。

本知识点图谱如图 2-2 所示。

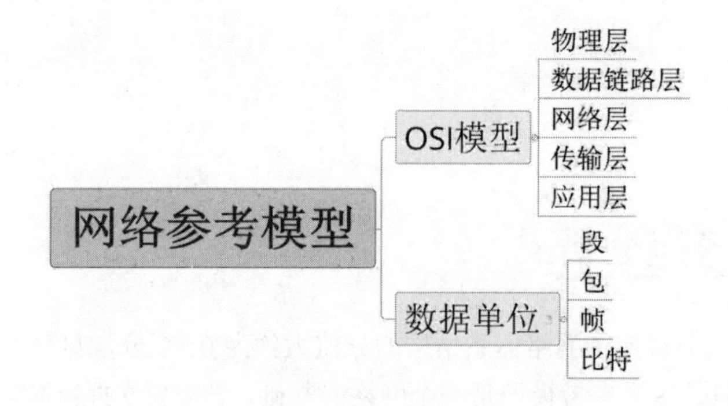

图 2-2　网络参考模型知识体系图谱

参考题型

【考核方式】考核协议的上下层关系，属于识记性知识点。

● 以下关于 TCP/IP 协议和层次对应关系的表示，正确的是（1）。

A.

HTTP	SNMP
TCP	UDP
IP	

B.

FTP	Telnet
UDP	TCP
ARP	

C.

HTTP	SMTP
TCP	UDP
IP	

D.

SMTP	FTP
UDP	TCP
ARP	

■ 试题分析 在 TCP/IP 协议栈中传输层有 TCP 协议和 UDP 协议 2 种，网络层是 IP 协议。常用的 HTTP、FTP、Telnet、SMTP 是基于 TCP 的应用层协议，SNMP 是基于 UDP 的应用层协议。如图 2-3 所示。

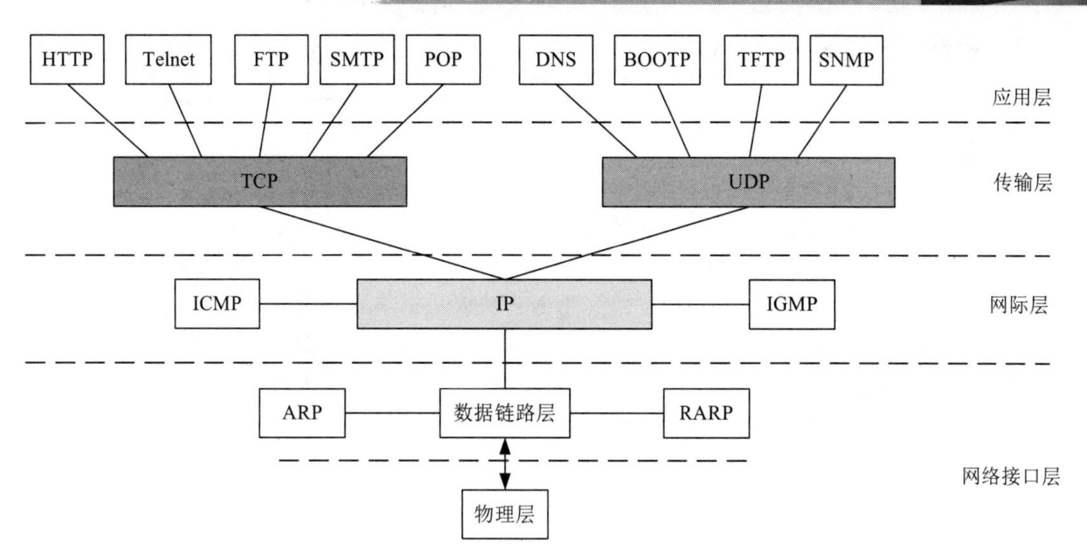

图 2-3 TCP/IP 模型中的各层协议

■ **参考答案** （1）A

● 在 TCP/IP 协议体系结构中，不可靠的传输层协议为__（2）__。

（2）A．UDP　　B．TCP　　C．ICMP　　D．SMTP

■ **试题分析** 在 TCP/IP 协议栈中传输层只有 TCP 协议和 UDP 协议 2 种，其中 TCP 协议是一种面向连接的可靠协议，而 UDP 协议是不可靠的无连接协议。

■ **参考答案** （2）A

● 下列协议中，不属于 TCP/IP 协议簇的是__（3）__。

（3）A．CSMA/CD　　B．IP　　C．TCP　　D．SMTP

■ **试题分析** 载波侦听多路访问/冲突检测协议（Carrier Sense Multiple Access with Collision Detection，CSMA/CD）是数据链路层的协议，不属于 TCP/IP 协议簇规定的协议。SMTP 协议是 TCP/IP 协议簇中的应用层协议，主要用于邮件的发送，使用 TCP 协议的 25 号端口。IP 协议是网络层的协议，TCP 和 UDP 都是传输层的协议。

■ **参考答案** （3）A

● 在 TCP/IP 协议栈中，ARP 协议工作在__（4）__，其报文封装在__（5）__中传送。

（4）A．网络层　　B．数据链路层　　C．应用层　　D．传输层

（5）A．帧　　B．数据报　　C．段　　D．消息

■ **试题分析** 本题实际上就是考 TCP/IP 模型，一定要记住，在软考中，地址解析协议（Address Resolution Protocol，ARP）与反向地址转换协议（Reverse Address Resolution Protocol，RARP）协议是属于网络层的协议，但是比同是网络层的 IP 协议低，也就是说 IP 协议工作时可以利用 ARP 协议和 RARP 协议。因为 ARP 与 RARP 在数据链路层之上，因此它们的数据包需要通过数据链路层的协议封装，考试中这种基本概念常考，需要牢记。

■ 参考答案 （4）A （5）A

课堂练习

- 在 ISO OSI/RM 中，___（1）___实现数据压缩功能。

  （1）A．应用层　B．表示层　C．会话层　D．网络层

- ARP 协议数据单元封装在___（2）___中发送，ICMP 协议数据单元封装在___（3）___中发送。

  （2）A．IP 数据报　B．TCP 报文　C．以太帧　D．UDP 报文

  （3）A．IP 数据报　B．TCP 报文　C．以太帧　D．UDP 报文

- 在 OSI 参考模型中，数据链路层处理的数据单位是___（4）___。

  （4）A．比特　B．帧　C．分组　D．报文

试题分析

试题 1 分析：在 ISO OSI/RM 中，表示层用于处理系统间信息的语法表达形式。每台计算机可能有它自己的表示数据的方法，需要协定和转换来保证不同的计算机可以彼此识别。

■ 参考答案 （1）B

试题 2 分析：ARP 协议在层次分配上通常归为网络层协议，但是实际工作在数据链路层，因此 ARP 协议数据单元封装在以太帧中发送。Internet 控制消息协议（Internet Control Message Protocol，ICMP）是 TCP/IP 协议集中的一个子协议，属于网络层协议。ICMP 协议数据单元封装在 IP 数据报中发送。

■ 参考答案 （2）C （3）A

试题 3 分析：此题主要考查 ISO OSI/RM 体系结构中各层传输的数据单元名称。

物理层：比特（Bit）。

数据链路层：数据帧（Frame）。

网络层：数据分组或数据报（Packet）。

传输层：报文或段（Segment）。

■ 参考答案 （4）B

第3章 物理层

知识点图谱与考点分析

从本章开始，主要讨论 ISO/OSI 参考模型在各个层次中的主要知识点，由于表示层和会话层在TCP/IP 模型中没有对应的层次，并且在网络管理员的考试中基本不涉及这两个层次的内容，因此本书不讨论这两个层次中的问题。物理层中主要包括传输介质的传输特性、数据传输技术、接入技术等几个部分。其知识点图谱如图 3-1 所示。

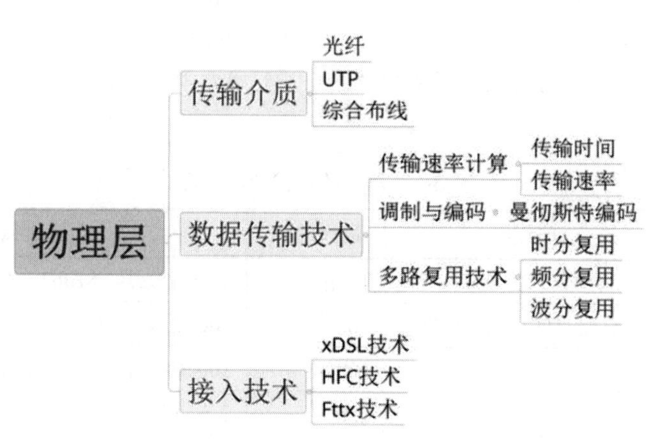

图 3-1　物理层知识体系图谱

知识点：有线传输介质

知识点综述

传输介质的相关知识点相对比较简单，主要涵盖目前网络中流行的传输介质（如光纤、UTP 等）的传输特性以及这些传输介质在综合布线系统中的应用，本知识点的知识体系图谱如图 3-2 所示。

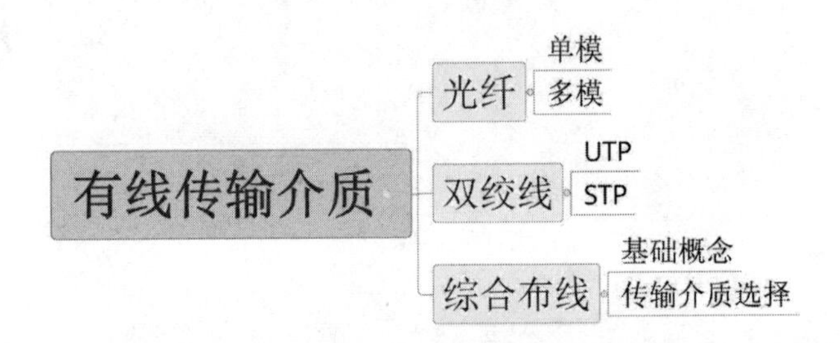

图 3-2 有线传输介质知识体系图谱

参考题型

【考核方式 1】在各种情况下介质的传输速率和距离。

- 在快速以太网物理层标准中，使用 2 对 5 类无屏蔽双绞线的是__（1）__。

（1）A．100BASE-TX　　B．100BASE-FX

C．100BASE-T4　　D．100BASE-T

■ **试题分析** 各种常用的局域网所用的传输介质特性需要记住，表 3-1 列出了部分介质的特点，考试中经常考到。

表 3-1 常见的传输介质特性

名称	电缆	最大段长	特点
100BASE-T4	4 对 3、4、5 类 UTP	100m	3 类双绞线，8B/6T，NRZ 编码
100BASE-TX	2 对 5 类 UTP 或 2 对 STP	100m	100Mb/s 全双工通信，MLT-3 编码
100BASE-FX	1 对光纤	2000m	100Mb/s 全双工通信，4B/5B、NRZI 编码
1000BASE-CX	2 对 STP	25m	2 对 STP
1000BASE-T	4 对 UTP	100m	4 对 UTP
1000BASE-SX	62.5μm 多模	220m	模式带宽 160MHz×km，波长 850nm
		275m	模式带宽 200MHz×km，波长 850nm

续表

名称	电缆	最大段长	特点
1000BASE-SX	50μm 多模	500m	模式带宽 400MHz×km，波长 850nm
		550m	模式带宽 500MHz×km，波长 850nm
1000BASE-LX	62.5μm 多模	550m	模式带宽 500MHz×km，波长 850nm
	50μm 多模		模式带宽 400MHz×km，波长 850nm
			模式带宽 500MHz×km，波长 850nm
	单模	5000m	波长 1310nm 或者 1550nm
10GBASE-S	50μm 多模	300m	波长 850nm
	62.5μm 多模	65m	波长 850nm
10GBASE-L	单模	10km	波长 1310nm
10GBASE-E	单模	40km	波长 1550nm
10GBASE-LX4	单模	10km	波长 1310nm 波分多路复用

■ **参考答案** （1）A

● 双绞线电缆中的4对线用不同的颜色来标识，EIA/TIA 568A 规定的线序为（2），而 EIA/TIAT 568B 规定的线序为（3）。

（2）A．橙白 橙 绿白 蓝 蓝白 绿 褐白 褐

B．蓝白 蓝 绿白 绿 橙白 橙 褐白 褐

C．绿白 绿 橙白 蓝 蓝白 橙 褐白 褐

D．绿白 绿 橙白 橙 蓝白 蓝 褐白 褐

（3）A．橙白 橙 绿白 蓝 蓝白 绿 褐白 褐

B．蓝白 蓝 绿白 绿 橙白 橙 褐白 褐

C．绿白 绿 橙白 蓝 蓝白 橙 褐白 褐

D．绿白 绿 橙白 橙 蓝白 蓝 褐白 褐

■ **试题分析** EIA/TIA 568A 与 EIA/TIA 568B 的区别是橙色线对与绿色线对进行了互调。EIA/TIA 568A/B 标准是使用范围最广的布线方案。其中 568A 的标准线序是绿白、绿、橙白、蓝、蓝白、橙、褐白、褐。作为网络管理员，需要记住 EIA/TIA 568A 标准的基本线序。

■ **参考答案** （2）C （3）A

● 下列传输介质中，带宽最宽、抗干扰能力最强的是（4）。

（4）A．双绞线 B．红外线 C．同轴电缆 D．光纤

■ **试题分析** 目前所有的传输介质中，只有光纤的带宽和抗干扰能力最强。

■ **参考答案** （4）D

● 关于单模光纤与多模光纤的区别，以下说法中正确的是 (5) 。

（5）A．单模光纤比多模光纤的纤芯直径小

B．多模光纤比单模光纤的数据速率高

C．单模光纤由一根光纤构成，而多模光纤由多根光纤构成

D．单模光纤传输距离近，而多模光纤的传输距离远

■ **试题分析** 单模光纤和多模光纤的特性如下表所示。

	单模光纤	多模光纤
光源	激光二极管 LD	LED
光源波长	1310nm 和 1550nm 两种	850nm
纤芯直径/包层外径	9/125μm	50/125μm 和 62.5/125μm
距离	2～10km	550m 和 275m
速率	100～10Gb/s	1～10Gb/s
光种类	一种模式的光	不同模式的光

光纤布线系统的测试指标包括：最大衰减限值、波长窗口参数和回波损耗限值。

■ **参考答案** （5）A

【考核方式 2】综合布线的基本概念。

● 综合布线系统中将用户的终端设备首先连接到的子系统统称为 (1) ； (2) 是设计建筑群子系统时应考虑的内容。

（1）A．水平子系统　　B．工作区子系统

C．垂直子系统　　D．管理子系统

（2）A．不间断电源　　B．配线架

C．信息插座　　D．地下管道铺设

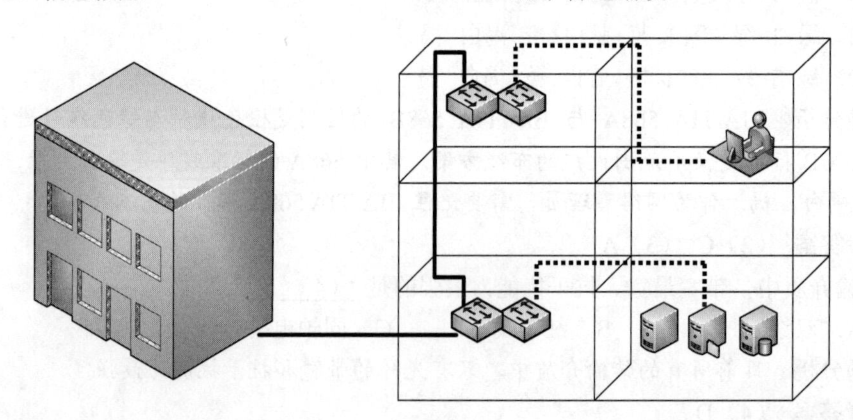

■ **试题分析** 综合布线系统的整体架构如上图所示。其中工作区子系统的主要作用就是将用

户的终端连接到网络中。建筑群子系统的作用是将园区内的各个建筑内部的布线系统连接起来，目前的建筑物之间铺设线缆会受多种因素的影响，因此很多项目中，建筑群子系统需要考虑楼宇之间的地下管道的铺设。这是一个常考的基本概念，考生需要全面了解综合布线系统的整体架构。

■ 参考答案 （1）B （2）D

知识点：数据传输技术

知识点综述

数据传输技术是通信的基础，涉及的理论概念比较多，而且比较难懂，考试中主要考查一些基本概念和基本公式的计算。尤其是与数据传输计算相关的计算公式，考生需要掌握基本的数据传输时间的计算，香农公式和奈奎斯特公式的具体运用。本知识点的体系图谱如图 3-3 所示。

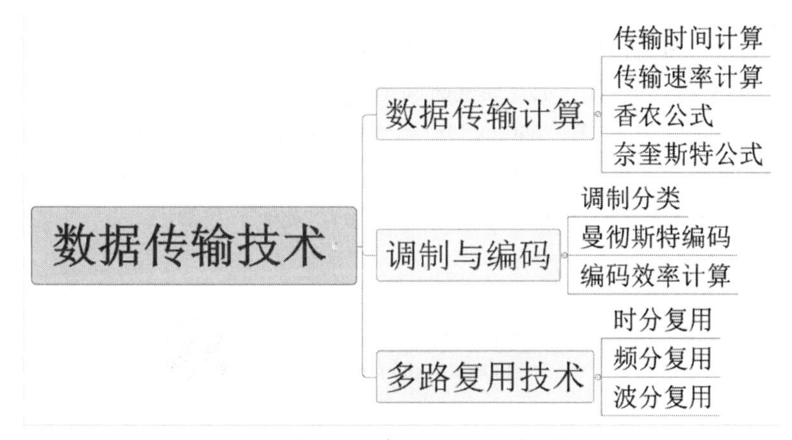

图 3-3 数据传输技术知识体系结构图

参考题型

【考核方式 1】考查考生对基本传输速率和传输时间的计算。

● 在相隔 400km 的两地之间，通过电缆以 4800b/s 的速率传送 3000 比特长的数据包，从开始发送到接收完数据需要的时间是__（1）__。

（1）A．480ms B．607ms C．612ms D．627ms

■ 试题分析 数据包从开始发送到接收数据需要的时间=发送时间（T_t）+传输延迟时间（T_1）。具体计算如图 3-4 所示。

在网络管理员考试中，凡是涉及到计算的部分，必须将参与运算的各个**数据的单位换算成一致的**，否则可能导致错误。

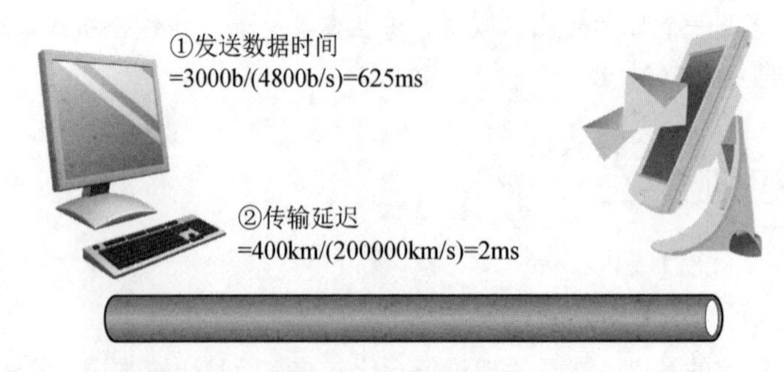

图 3-4　计算过程

■ **参考答案**（1）D

- 在地面上相隔 2000km 的两地之间，通过卫星信道传送 4000 比特长的数据包，如果数据速率为 64kb/s，则从开始发送到接收完成需要的时间是<u>（2）</u>。

（2）A．48ms　　B．640ms　　C．322.5ms　　D．332.5ms

■ **试题分析**　数据包从开始发送到接收数据需要的时间=发送时间（T_t）+传输延迟时间（T_1）。注意记住在卫星通信中卫星信号往返一次的延迟 270ms，是一个常量。

具体计算如图 3-5 所示。

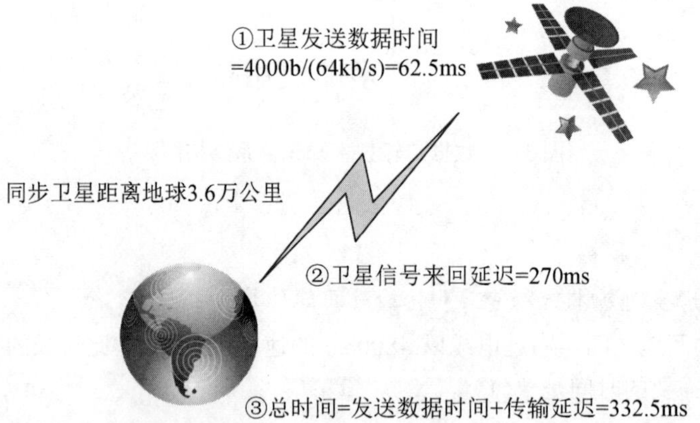

①卫星发送数据时间
=4000b/(64kb/s)=62.5ms

同步卫星距离地球3.6万公里

②卫星信号来回延迟=270ms

③总时间=发送数据时间+传输延迟=332.5ms

图 3-5　计算过程

■ **参考答案**（2）D

【考核方式 2】考查考生对基本计算公式的掌握。

- 假定某信道的频率范围为 1～3MHz，为保证信号保真，采样频率必须大于<u>（1）</u>MHz；若采用4相PSK调制，则信道支持的最大数据速率为__（2）__Mb/s。

（1）A．2　　B．3　　C．4　　D．6

（2）A．2　　B．4　　C．12　　D．16

■ **试题分析** 根据采样定理，要保证信号不失真，采样频率要大于信号最高频率的2倍。根据奈奎斯特定理，最大数据速率=2W×$\log_2$(N)，其中W表示带宽，N表示码元总的种类数。

■ **参考答案** （1）D　（2）C

- 设信道带宽为3400Hz，调制为4种不同的码元，根据奈奎斯特（Nyquist）定理，理想信道的数据速率为__（3）__。

（3）A．3.4kb/s　　B．6.8kb/s　　C．13.6kb/s　　D．34kb/s

■ **试题分析** 本题考查奈奎斯特定理与码元及数据速率的关系。

根据奈奎斯特定理及码元速率与数据速率间的关系，数据速率R=2W×$\log_2$N，可列出如下算式：

$$R=2\times3400\times\log_2 4$$
$$=13600\text{b/s}$$
$$=13.6\text{kb/s}$$

■ **参考答案** （3）C

- 某信道传输信号的频率范围为100～3400Hz，信噪比为30dB，则该信道带宽为__（4）__Hz，支持的最大数据速率约为__（5）__b/s。

（4）A．30　　B．100　　C．3300　　D．3400

（5）A．1000　　B．16500　　C．33000　　D．34000

■ **试题分析** 本题考查的是香农公式的基本概念，其中信道的带宽可以用信号的频率范围的差值来表示，本题中可以用3400-100=3300Hz。因为信噪比是30dB，所以对应的S/N的比值是10^3，代入香农公式即可得到最大的数据速率。

$$\text{极限数据速率}=\text{带宽}\times\log_2(1+S/N)$$

最大数据速率=3300×$\log_2$(1+1000)=33000b/s。计算中要特别注意的是给出的信噪比是分贝值，一定要要换算成S/N的值，由于考试中涉及求对数的问题，通常给出的分贝值都是30dB，也就是对应的S/N=10^3。

■ **参考答案** （4）C　（5）C

- 在幅度-相位复合调制技术中，由4种幅度和8种相位组成16种码元，若信号的波特率为4800 Baud，则信道的最大数据速率为__（6）__kb/s。

（6）A．2.4　　B．4.8　　C．9.6　　D．19.2

■ **试题分析** 本题考查数据速率与波特率的转换关系，可以代入以下公式：

$$\text{数据速率}=\log^2(N)\times\text{波特率}\quad\text{其中N为调制的码元种类}$$

本题的关键是找到N的值，尽管4种幅度和8种相位理论上可以组成32种码元，但是题目明确说明了只组成16种码元，因此N=16。代入公式可以得到信道的最大数据速率=$\log_2$(16)×4800=4×4800=19200b/s。考试中如果再深入考查，考生还需要记住QPSK调制的N=4，DPSK调制的N=2。

■ **参考答案** （6）D

【考核方式 3】考查考生对采样定理的掌握。

● 假设模拟信号的最高频率为 10MHz，采样频率必须大于 （1） ，才能使得到的样本信号不失真。

（1）A．6MHz　　B．12MHz　　C．18MHz　　D．20MHz

■ **试题分析** 根据采样定理，采样频率要大于 2 倍模拟信号的最高频率，即 20MHz，才能使得到的样本信号不失真。这就是最基本的采样定理的考试形式。

■ **参考答案** （1）D

【考核方式 4】考查考生对基本的异步通信的速率和效率的计算。

● 在异步通信中，每个字符包含 1 位起始位、7 位数据位、1 位奇偶校验位和 1 位终止位，每秒钟传送 100 个字符，则有效数据速率为 （1） 。

（1）A．500b/s　　B．600b/s　　C．700b/s　　D．800b/s

■ **试题分析** 题目给出每秒钟传送 100 个字符，而每个字符包含 1 位起始位、7 位数据位、1 位奇偶校验位和 1 位终止位，也就是一个字符需要（1+7+1+1）=10 位，因此每秒传输的位有 100×（1+7+1+1）=1000 位，但是实际上其中只有 100×7 个有效的数据位，因此数据速率为 700b/s。

■ **参考答案** （1）C

【考核方式 5】考查考生对调制方法的掌握。

● 在所示的下列两种调制方法中，说法正确的是 （1） 。

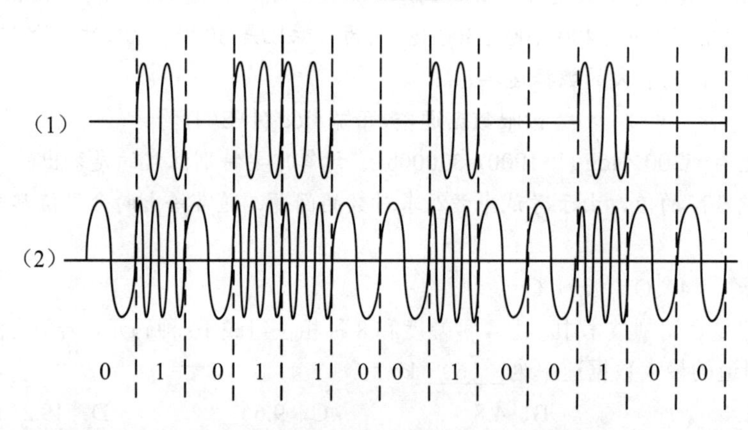

（1）A．（1）是调相　　B．（2）是调相　　C．（1）是调频　　D．（2）是调频

■ **试题分析** 从图（1）中可以看到信息的幅度跟随数据的变化，因此是调幅。而图（2）中的信息的稀疏和紧密程度随数据变化，显然不同的稀疏和紧密程度反映了频率的变化，因此是调频。在网络管理员考试中，基本的调频、调幅和调相波形需要能区分。同时还要熟练掌握常考的曼彻斯特编码和差分曼彻斯特编码的波形。

■ 参考答案 （1）D

【考核方式6】考查考生对基本编码的掌握。

● 以下关于曼彻斯特和差分曼彻斯特编码的叙述中，正确的是__（1）__。

（1）A.曼彻斯特编码以比特前沿是否有电平跳变来区分“1”和“0”

B.差分曼彻斯特编码以电平的高低区分“1”和“0”

C.曼彻斯特编码和差分曼彻斯特编码均自带同步信息

D.在同样波特率的情况下，差分曼彻斯特编码的数据速率比曼彻斯特编码高

■ 试题分析

● 曼彻斯特编码属于一种双相码，负电平到正电平代表“0”，正电平到负电平代表“1”；也可以是负电平到正电平代表“1”，正电平到负电平代表“0”。常用于10M以太网。传输一位信号需要有两次电平变化，因此编码效率为50%。

● 差分曼彻斯特编码也属于一种双相码，中间电平只起到定时的作用，不用于表示数据。信号开始时有电平变化表示“0”，没有电平变化表示“1”。

具体对应关系如图3-6所示。

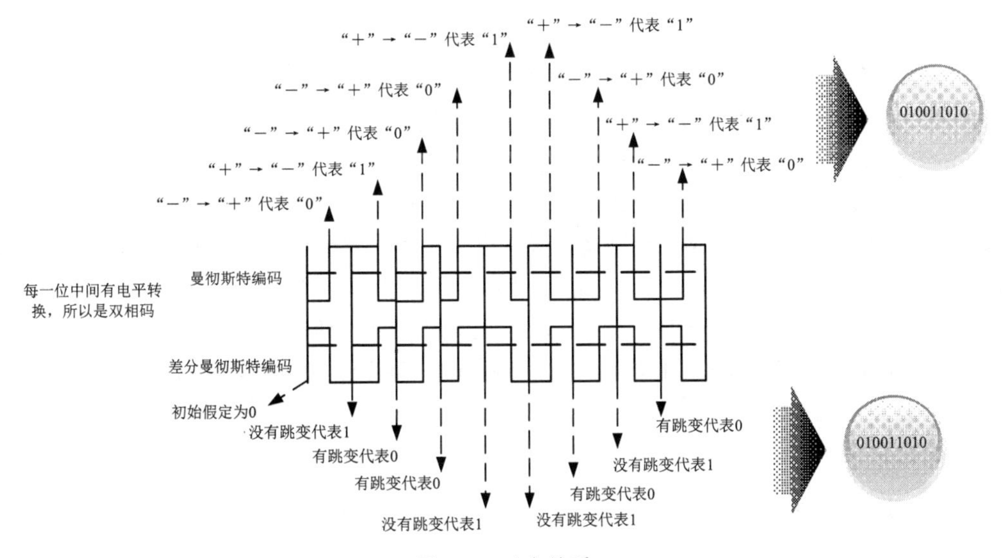

图3-6 对应关系

因此，差分曼彻斯特编码以比特前沿是否有电平跳变来区分“1”和“0”，因此选项A和选项B都错误。差分曼彻斯特编码和曼彻斯特编码的效率是一样的，因此选项D错误。

■ 参考答案 （1）C

【考核方式7】考查考生对脉冲编码调制（Pulse Code Modulation，PCM）技术的掌握。

● 设信道带宽为3400Hz，采用PCM编码，采样周期为125μs，每个样本量化为128个等级，则

信道的数据速率为___(1)___。

（1）A．10kb/s　　B．16kb/s　　C．56kb/s　　D．64kb/s

■ **试题分析** 模拟信号编码为数字信号的最常见的就是脉冲编码调制（PCM）。脉冲编码过程为采样、量化、编码。

- 采样：就是对模拟信号进行周期性扫描，把时间上连续的信号变成时间上离散的信号。采样必须遵循奈奎斯特采样定理，才能保证无失真地恢复原模拟信号。

举例：模拟电话信号通过 PCM 编码成为数字信号。语音最大频率小于 4kHz（约为 3.4kHz），根据采样定理，采样频率要大于 2 倍语音的最大频率，即 8kHz（采样周期=125μs），就可以无失真地恢复语音信号。

- 量化：就是把抽样值的幅度离散。即先规定的一组电平值，把抽样值用最接近的电平值来代替。规定的电平值通常是用二进制表示。

举例：语音系统采用 128 级（7 位）量化，采样 8kHz 的采样频率，那么有效数据速率为 56kb/s，又由于传输时，每 7bit 需要添加 1bit 的信令位，因此语音信道数据速率为 64kb/s。

- 编码：就是用一组二进制码组来表示每一个有固定电平的量化值。然而，实际上量化是在编码过程中同时完成的，故编码过程也称为模/数变换，可记作 A/D。

■ **参考答案** （1）C

【考核方式 8】考查考生对多路复用技术的掌握。

- 6 个速率为 64Mb/s 的用户按照统计时分多路复用技术复用到一条干线上，若每个用户效率为 80%，干线开销为 4%，则干线速率为___(1)___Mb/s。

（1）A．160　　B．307.2　　C．320　　D．384

■ **试题分析** 这是一道简单的计算题。考试中主要考这种统计时分复用的计算。可以假设干线的速率为 X Mb/s。由于干线的开销为 4%，所以干线的真正速率是 X×（1-0.04）。由于 6 个速率为 64Mb/s 的用户的效率只有 80%，因此在进行复用之前真实的数据速率是 6×0.8×64。因此可以利用这两个值建立方程，X×（1-0.04）=6×0.8×64，解方程可以得到 X=320。

■ **参考答案** （1）C

知识点：接入技术

知识点综述

本知识点的内容比较简单，主要考查考生对常用的几种接入技术的了解。其知识体系图谱如图 3-8 所示。

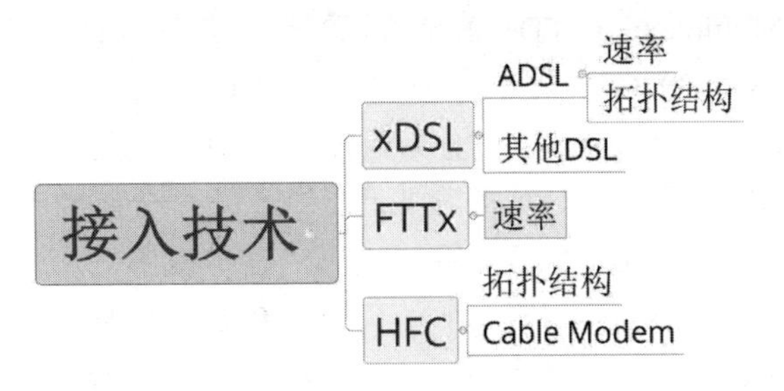

图 3-8　接入技术知识体系图谱

参考题型

【考核方式】考查对基本接入技术的了解。

- 数字用户线（Digital Subscriber Line，DSL）是基于普通电话线的宽带接入技术，可以在铜质双绞线上同时传送数据和话音信号。下列选项中，数据速率最高的 DSL 标准是__（1）__。

（1）A．ADSL　　B．VDSL　　C．HDSL　　D．RADSL

■ **试题分析**　xDSL 技术就是利用电话线中的高频信息传输数据，高频信号损耗大，容易受噪声干扰。xDSL 速率越高，传输距离越近。xDSL 常见类型见表 3-6。

表 3-6　常见的 xDSL 类型

名称	对称性	上、下行速率（受距离影响有变化）	极限传输距离	复用技术
非对称数字用户线路（Asymmetric Digital Subscriber Line，ADSL）	不对称	上行：64kb/s～1Mb/s 下行：1～8Mb/s	3～5km	频分复用
甚高速数字用户线路（Very-high-bit-rate Digital Subscriber Line，VDSL）	不对称	上行：1.6～2.3Mb/s 下行：12.96～52Mb/s	0.9～1.4km	QAM 和 DMT
高速数字用户线路（High-speed Digital Subscriber Line，HDSL）	对称	上行：1.544Mb/s 下行：1.544Mb/s	2.7～3.6km	时分复用
对称的高比特数字用户环路（Single-pair High-speed Digital Subscriber Line，G.SHDSL）	对称	一对线上、下行可达 192kb/s～2.312Mb/s	3.7～7.1km	时分复用
速率自适应用户数字线（Rate Automatic adapt Digital Subscriber Line，RADSL）	不对称	上行速率为 128kb/s～1Mb/s 下行速率为 640kb/s～12Mb/s	可达 5.5km	频分复用

■ **参考答案**　（1）B

- 用户采用 ADSL 接入因特网，是在__（2）__网络中通过__（3）__技术来实现的。

（2）A．FTTx　　B．PSTN　　C．CATV　　D．WLAN

（3）A．TDM　　B．STDM　　C．FDM　　D．CDM

■ **试题分析**　xDSL 和 PSTN 都是基于电话网络。ADSL 技术在 PSTN 网络中通过频分复用技术（Frequency-division Multiplexing，FDM）实现多个子信道，一部分用于上传，一部分用于下载。

■ 参考答案 （2）B （3）C

- ADSL 采用__（4）__技术把 PSTN 线路划分为话音、上行和下行三个独立的信道，同时提供电话和上网服务。采用 ADSL 联网，计算机需要通过__（5）__和分离器连接到电话入户接线盒。

（4）A．对分复用　　B．频分复用　　C．空分复用　　D．码分多址

（5）A．ADSL 交换机　　B．Cable Modem

C．ADSL Modem　　D．无线路由器

■ 试题分析 xDSL 技术就是利用电话线中的高频信息传输数据的接入技术，其中 ADSL 是使用最广泛的一种，其技术提供的上行和下行带宽不对称，因此称为非对称数字用户线路。ADSL 采用离散多音频（Discrete Multi-Tone，DMT）技术，将原来电话线路 4kHz 到 1.1MHz 频段划分成 256 个频宽为 4.3125kHz 的子频带。其中，4kHz 以下频段仍用于传送传统电话业务（Plain Old Telephone Service，POTS），20kHz 到 138kHz 的频段用来传送上行信号，138kHz 到 1.1MHz 的频段用来传送下行信号。DMT 技术可以根据线路的情况灵活地调整在每个信道上所调制的比特数，以便充分地利用线路。比较成熟的 ADSL 标准有两种——G.DMT和G.Lite。G.DMT是全速率的 ADSL 标准，支持 8Mb/s、1.5Mb/s 的高速下行、上行速率，但是，G.DMT 要求用户端安装 POTS 分离器，比较复杂且价格昂贵；G.Lite 标准速率较低，下行/上行速率为 1.5Mb/s、512kb/s，但省去了复杂的 POTS 分离器，成本较低且便于安装。在第一代 ADSL 标准的基础上，ITU-T 又制定了 G.992.4（ADSL2）及 G.922.5（ADSL2plus，又称 ADSL2+）。ADSL2下行最高速率可达 12Mb/s，上行最高速率可达 1Mb/s。ADSL2+除了具备 ADSL2 的技术特点外，还指定了一个 2.2MHz 的下行频段。这使得 ADSL2+的下行速率有很大的提高，可以达到最高约 24Mb/s。上行速率最高约 1Mb/s。

■ 参考答案 （4）B （5）C

- HFC 网络中，从运营商到小区采用的传输介质为__（6）__。

（6）A．双绞线　　B．红外线　　C．同轴电缆　　D．光纤

■ 试题分析 混合光纤—同轴电缆（Hybrid Fiber-Coaxial，HFC）通常由光纤干线、同轴电缆支线和用户配线网络三部分组成，从有线电视台出来的节目信号先变成光信号在干线上传输，到用户区域后把光信号转换成电信号，经分配器分配后通过同轴电缆送到用户端。

电缆调制解调器（Cable Modem，CM）是用户设备和同轴电缆网络的接口，是有线电视网络（Cable TV，CATV）用户端必须安装的设备。

■ 参考答案 （6）D

课堂练习

- 下面列出的 4 种快速以太网物理层标准中，使用 2 对 5 类无屏蔽双绞线作为传输介质的是__（1）__。

（1）A．100BASE-FX　　B．100BASE-T4

C．100BASE-TX　　D．100BASE-T2

- 在各种xDSL技术中，能提供上下行信道非对称传输的是__（2）__。

（2）A．ADSL和HDSL　　B．ADSL和VDSL
　　C．SDSL和VDSL　　D．SDSL和HDSL

- EIA/TIA-568标准规定，在综合布线时，如果信息插座到网卡之间使用无屏蔽双绞线，布线距离最大为__（3）__m。

（3）A．10　　B．30　　C．50　　D．100

- 建筑物综合布线系统中的园区子系统是指__（4）__。

（4）A．由终端到信息插座之间的连线系统
　　B．楼层接线间到工作区的线缆系统
　　C．各楼层设备之间的互连系统
　　D．连接各个建筑物的通信系统

- 建筑物综合布线系统中的干线子系统是__（5）__，水平子系统是__（6）__。

（5）A．各个楼层接线间配线架到工作区信息插座之间所安装的线缆
　　B．由终端到信息插座之间的连线系统
　　C．各楼层设备之间的互连系统
　　D．连接各个建筑物的通信系统

（6）A．各个楼层接线间配线架到工作区信息插座之间所安装的线缆
　　B．由终端到信息插座之间的连线系统
　　C．各楼层设备之间的互连系统
　　D．连接各个建筑物的通信系统

- 以数字量表示的声音在时间上是离散的，而模拟量表示的声音在时间上是连续的。要把模拟声音转换为数字声音，就需在某些特定的时刻对模拟声音进行获取，该过程称为__（7）__。

（7）A．采样　　B．量化　　C．编码　　D．模/数变换

- 若模拟信号的最高频率为15MHz，为了使得到的样本信号不失真，采样频率必须大于__（8）__。

（8）A．15MHz　　B．20MHz　　C．25MHz　　D．30MHz

- 假设模拟信号的最高频率为6MHz，采样频率必须大于__（9）__时，才能使得到的样本信号不失真。

（9）A．6MHz　　B．12MHz　　C．18MHz　　D．20MHz

- 使用ADSL接入Internet，用户端需要安装__（10）__协议。

（10）A．PPP　　B．SLIP　　C．PPTP　　D．PPPoE

- 4B/5B编码是一种两级编码方案，首先要把数据变成__（11）__编码，再把4位分为一组的代码变换成5单位的代码。这种编码的效率是__（12）__。

（11）A．NRZ-I　　B．AMI　　C．QAM　　D．PCM
（12）A．0.4　　B．0.5　　C．0.8　　D．1.0

● 曼彻斯特编码的特点是__（13）__，它的编码效率是__（14）__。

（13）A．在“0”比特的前沿有电平翻转，在“1”比特的前沿没有电平翻转
B．在“1”比特的前沿有电平翻转，在“0”比特的前沿没有电平翻转
C．在每个比特的前沿有电平翻转
D．在每个比特的中间有电平翻转

（14）A．50%　B．60%　C．80%　D．100%

● 下面关于曼彻斯特编码的叙述中，错误的是__（15）__。

（15）A．曼彻斯特编码是一种双相码　B．曼彻斯特编码提供了比特同步信息
C．曼彻斯特编码的效率为 50%　D．曼彻斯特编码应用在高速以太网中

试题分析

试题 1 分析：100Base-FX 使用多模或单模光缆，连接器可以采用 MIC/FDDI 连接器、ST 连接器或 SC 连接器；主要用于高速主干网或远距离连接，或有强电气干扰的环境或要求较高的安全保密链接的环境。

100Base-T4 是为了利用早期存在的大量 3 类音频级布线而设计的。它使用 4 对双绞线，其中 3 对用于同时传送数据，第 4 对线用于冲突检测时的接收信道。因此可以使用数据级 3、4 或 5 类非屏蔽双绞线，也可使用音频级 3 类线缆。但由于没有专用的发送或接收线路，所以不能进行全双工操作。

IEEE 制定 100Base-T2 标准用于解决 100Base-T4 不能实现全双工的问题，100Base-T2 只用 2 对 3 类 UTP 线就可以传送 100Mb/s 的数据，它采用 2 对音频或数据级 3、4 或 5 类 UTP 电缆。一对用于发送数据，另一对用于接收数据，可实现全双工操作。采用名为 PAM5x5 的 5 电平编码方案。

100Base-TX 使用两对 5 类非屏蔽双绞线或 1 类屏蔽双绞线。一对用于发送数据，另一对用于接收数据。采用 4B/5B 编码法，100Base-TX 使 100Base-T 中使用最广的物理层规范。此题中应该是 C 项与 D 项都可以使用 2 对 5 类无屏蔽线。此题命题不够严谨。

■ **参考答案**（1）C

试题 2 分析：数字用户线路（Digital Subscriber Line，DSL）技术就是利用电话线中的高频信息传输数据，高频信号损耗大，容易受噪声干扰。xDSL 速率越高，传输距离越近。xDSL 技术的相关标准和上下行速率及所采用的主要技术见下表。复习中需要牢记这些基本概念。

名称	对称性	上、下行速率 （受距离影响有变化）	极限传输距离	复用技术
非对称数字用户线路（ADSL）	不对称	上行：64kb/s～1Mb/s 下行：1～8Mb/s	3～5km	频分复用
甚高速数字用户线路（VDSL）	不对称	上行：1.6～2.3Mb/s 下行：12.96～52Mb/s	0.9～1.4km	QAM 和 DMT

续表

名称	对称性	上、下行速率（受距离影响有变化）	极限传输距离	复用技术
高速数字用户线路（HDSL）	对称	上行：1.544Mb/s 下行：1.544Mb/s	2.7～3.6km	时分复用
对称的高比特数字用户环路（G.SHDSL）	对称	一对线上、下行可达 192kb/s～2.312Mb/s	3.7～7.1km	时分复用
速率自适应用户数字线（RADSL）	不对称	上行速率为 128kb/s～1Mb/s 下行速率为 640kb/s～12Mb/s	可达 5.5km	频分复用

■ **参考答案** （2）B

试题 3 分析：EIA/TIA-568 标准规定，在进行综合布线时，如果信息插座到网卡之间使用无屏蔽双绞线，布线距离最大为 10m。

■ **参考答案** （3）A

试题 4 分析：本题考查考生对建筑物综合布线系统中的园区子系统概念的理解。

综合布线系统由工作区子系统、水平子系统、干线子系统、设备间子系统、管理子系统、建筑群子系统六个部分组成。具体组成如图 3-10 所示。

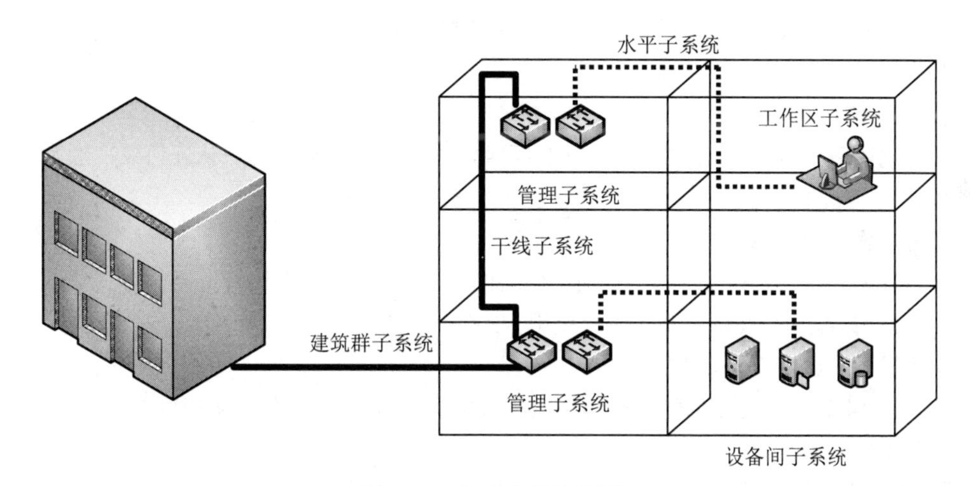

图 3-10 综合布线系统图

- 干线子系统：是各水平子系统（各楼层）设备之间的互连系统。
- 水平子系统：是各个楼层配线间中的配线架到工作区信息插座之间所安装的线缆。
- 工作区子系统：由终端设备连接到信息插座的连线组成，包括连接线、适配器。工作区子系统中信息插座的安装位置距离地面的高度为 30～50cm；如果在信息插座到网卡之间使用无屏蔽双绞线，布线距离最大为 10m。
- 设备间子系统：位置处于设备间，并且集中安装了许多大型设备（主要是服务器、管理终端）的子系统。

- 管理子系统：该系统由交连、互连与配线架和信息插座式配线架以及相关跳线组成。
- 建筑群子系统：将一个建筑物中的电缆、光缆无线延伸到建筑群的另外一些建筑物中的通信设备和装置上。建筑群之间往往采用单模光纤进行连接。

■ **参考答案** （4）D

试题5、6分析：建筑物综合布线系统中的干线子系统是各楼层设备之间的互连系统，水平子系统是各个楼层接线间配线架到工作区信息插座之间所安装的线缆。

■ **参考答案** （5）C （6）A

试题7分析：模拟声音转换为数字声音的过程实际就是一个模数转换的过程，其中一个非常重要的环节就是如何确保模拟信号的质量。要保证无失真地恢复原模拟信号，需要满足采样定理的要求，也就是采样频率大于等于信号最高频率的2倍。在采样过程中，实际就是按照采样频率，每隔一个固定的时间间隔，就对模拟信号进行一次获取。

■ **参考答案** （7）A

试题8分析：按照奈奎斯特采样定理，为了恢复原来的模拟信号，取样速率必须大于模拟信号最高频率的二倍。

■ **参考答案** （8）D

试题9分析：根据奈奎斯特的采样定理，采样频率必须大于2倍模拟信号最高频率时，才能使得到的样本信号不失真。

■ **参考答案** （9）B

试题10分析：常识题，xDSL接入互联网时，必须使用对应的用户认证协议，通常使用的协议是PPPoE。

■ **参考答案** （10）D

试题11、12分析：4B/5B编码就是将4个比特数据编码成5个比特符号的方式，编码效率为4bit/5bit=80%。该编码在发送到介质时，使用NRZ-1编码。

■ **参考答案** （11）A （12）C

试题13、14分析：曼彻斯特编码属于一种双相码，因此编码效率为50%。

■ **参考答案** （13）D （14）A

试题15分析：曼彻斯特编码属于一种双相码，负电平到正电平代表“0”，正电平到负电平代表“1”；也可以是负电平到正电平代表“1”，正电平到负电平代表“0”。常用于10M以太网。传输一位信号需要有两次电平变化，因此编码效率为50%。曼彻斯特编码适用于传统以太网，不适合应用在高速以太网中。

■ **参考答案** （15）D

第4章 数据链路层

知识点图谱与考点分析

数据链路层是网络体系结构中的一个重要层次。考试中最常考的是以太网的数据链路层的基本概念、基本的纠错技术的概念和数据链路层的主要协议 CSMA/CD，以及无线局域网的标准等。本章的知识体系图谱如图 4-1 所示。

图 4-1　数据链路层知识体系图谱

知识点：纠错与检错

知识点综述

数据传输过程中，错误在所难免，因此必须在数据通信过程中使用校验码，以确保能检测出在数据传输的过程中是否发生了错误。本知识点主要了解奇偶校验、循环冗余校验（Cyclic Redundancy Check，CRC）、海明码的概念，这部分内容在网络管理员考试中基本不涉及计算，只需掌握概念即可。本知识点的体系图谱如图 4-2 所示。

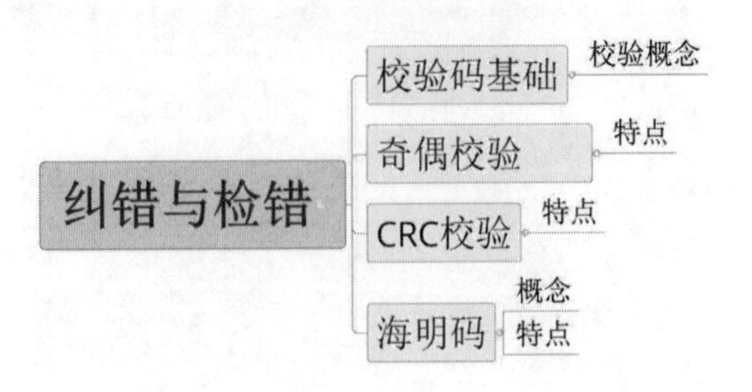

图 4-2　纠错与检错知识体系图谱

参考题型

【考核方式 1】考查校验码的基本概念。

- 以下关于奇偶校验的说法错误的是__（1）__。

（1）A．奇偶校验在编码中增加一个校验位
　　B．奇偶校验能检测出哪些位出错
　　C．奇偶校验能发现一位数据出错
　　D．奇偶校验有两种类型：奇校验和偶校验

■ **试题分析**　奇偶校验的基本方法是在数据编码中增加一比特的校验位，接收方通过检查接收到的数据，可以判断出数据是否出错，但是不能确定具体的出错位置。

参考答案　（1）B

- 以太帧中，采用的差错检测方法是__（2）__。

（2）A．海明码　　B．CRC　　C．FEC　　D．曼彻斯特码

■ **试题分析**　以太网中，主要采用的检错技术就是 CRC 算法。因为海明码成本较高，在实际协议中很少使用。曼彻斯特码是一种信息编码，不涉及差错检测的问题。前向纠错（Forward Error Correction，FEC）是一种提高数据通信可靠性的方法。FEC 通过利用数据传输冗余信息的方法，当传输中出现错误时，允许接收端按照某种方式重建数据。

■ **参考答案**　（2）B

知识点：局域网链路层协议

知识点综述

局域网的数据链路层是整个网络管理员考试中最重要的知识点之一。由于目前的局域网市场主要是以太网，因此考试中与此知识相关的问题基本集中在以太网的数据链路层。本知识点的分值为 3～4 分左右，其知识体系图谱如图 4-3 所示。

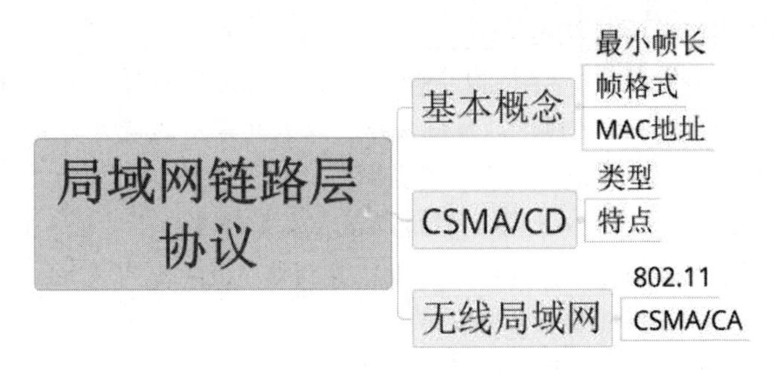

图 4-3 局域网链路层协议知识体系图谱

参考题型

【考核方式 1】考查局域网的基本原理和概念、帧格式、最小帧长等。

● 在以太网标准中规定的最小帧长是__（1）__字节，最小帧长是根据__（2）__设定的。

（1）A．20　　B．64　　C．128　　D．1518

（2）A．网络中传送的最小信息单位　　B．物理层可以区分的信息长度

C．网络中发生冲突的最短时间　　D．网络中检测冲突的最长时间

■ 试题分析 以太网中要求最短帧长是 64 字节，这个值由以太网的工作速度和最大网段长度共同决定，目标就是要保证 CSMA/CD 协议的正常工作。这个常数是考试中经常考到的基本概念，需要记住，类似的还有最大帧长是 1518 字节。

■ 参考答案 （1）B　（2）D

● IEEE 802.3 规定的最小帧长为 64 字节，这个帧长是指__（3）__。

（3）A．从前导字段到校验和的长度　　B．从目标地址到校验和的长度

C．从帧起始符到校验和的长度　　D．数据字段的长度

■ 试题分析 IEEE 802.3 规定的最小帧长为 64 字节，这个帧长是指从目标地址字段开始到校验和字段的长度。帧结构如图 4-4 所示。

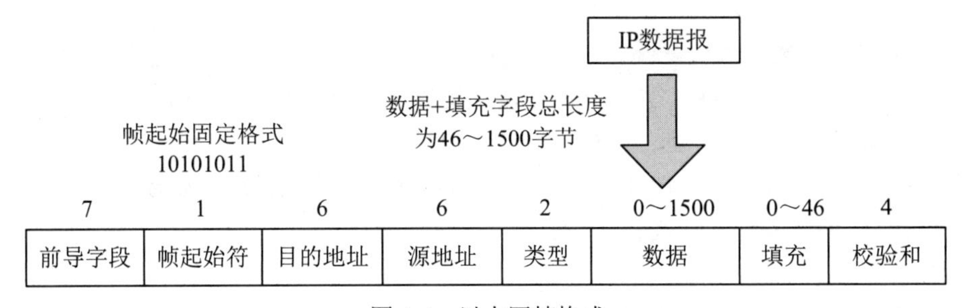

图 4-4 以太网帧格式

■ 参考答案 （3）B

● 以下不是以太网采用的监听算法是__（4）__。

（4）A．非坚持型监听　　B．坚持型监听　　C．P-坚持型监听　D．随机访问型监听

■ 试题分析　本题考查以太网协议的基础知识。以太网采用的监听算法有以下 3 种:

1）非坚持型监听算法：若信道忙，则放弃监听，后退一段随机时间后再试图重新发送。这种方法重新冲突的概率低，但可能引入过多的信道延迟，浪费信道的带宽。

2）坚持型监听算法：若信道忙，则继续监听，直到信道空闲就可发送。这种方法发生冲突的概率高，但可以减少发送延迟。

3）P-坚持型监听算法：若信道忙，则以概率 P 继续监听，或以概率 1-P 放弃监听并后退一段随机时间，再试图重新发送。这种方法具有以上两种方法的优点，但是算法复杂，P 值的大小对网络的性能有较大影响。

■ 参考答案　（4）D

● 以太网介质访问控制策略可以采用不同的监听算法，其中一种是“一旦介质空闲就发送数据，假如介质忙，继续监听，直到介质空闲后立即发送数据”，这种算法称为__（5）__监听算法，该算法的主要特点是__（6）__。

（5）A．1-坚持型　　B．非坚持型　　C．P-坚持型　　D．0-坚持型

（6）A．介质利用率和冲突概率都低　　B．介质利用率和冲突概率都高

C．介质利用率低且无法避免冲突　　D．介质利用率高且可以有效避免冲突

■ 试题分析　相关算法的特点见表 4-1。

表 4-1　载波监听算法

监听算法	信道空闲时	信道忙时	特点
非坚持型监听算法	立即发送	等待 N，再监听	减少冲突，信道利用率降低
1-坚持型监听算法	立即发送	继续监听	提高信道利用率，增大了冲突
P-坚持型监听算法	以概率 P 发送	继续监听	有效平衡，但算法复杂

■ 参考答案　（5）A　（6）B

【考核方式 2】考查局域网的相关标准。

● 在局域网标准中，100BASE-T 规定从收发器到集线器的距离不超过__（1）__m。

（1）A．100　　B．185　　C．300　　D．1000

■ 试题分析　基本概念题，100BASE-T 规定从收发器到集线器的距离为 100m。通常工作区 5m，水平子系统不超过 90m，跳线长度 5m。

■ 参考答案　（1）A

● 以下属于万兆以太网物理层标准的是__（2）__。

（2）A．IEEE 802.3u　　B．IEEE 802.3a　　C．IEEE 802.3e　　D．IEEE 802.3ae

■ 试题分析　**IEEE 802.3ae:** 万兆以太网（10 Gigabit Ethernet）。该标准仅支持光纤传输，提

供两种连接。一种是和以太网连接、速率为 10Gb/s 物理层设备，即 LAN PHY；另一种是与 SONET/SHD 连接、速率为 9.58464Gb/s 的 WAN 设备，即 WAN PHY。通过 WAN PHY 可以与 SONETOC-192 结合，通过 SONET 城域网提供端到端连接。该标准支持 10GBASE-S（850nm 短波）、10GBASE-l（1310nm 长波）、10GBASE-E（1550nm 长波）三种规格，最大传输距离为 300m、10km 和 40km。IEEE 802.3ae 支持 IEEE 802.3 标准中定义的最小和最大帧长。不采用 CSMA/CD 方式，只有全双工方式（**千兆以太网、万兆以太网最小帧长为 512 字节**）。

■ **参考答案**　（2）D

● 100Base-TX 采用的传输介质是＿（3）＿。

（3）A．双绞线　　B．光纤　　C．无线电波　　D．同轴电缆

■ **试题分析**　100Base-TX 采用的是 5 类双绞线连接，这是一个基本概念。

■ **参考答案**　（3）A

【考核方式 3】考查无线局域网的相关标准。

● IEEE 802.11 的 MAC 层协议是＿（1）＿。

（1）A．CSMA/CD　　B．CSMA/CA　　C．Token Ring　　D．TDM

■ **试题分析**　IEEE 802.11 采用了类似于 IEEE 802.3 CSMA/CD 协议的载波侦听多路访问或冲突避免协议 CSMA/CA。

■ **参考答案**　（1）B

● 以下关于 IEEE 802.11 标准 CSMA/CA 协议的叙述中，错误的是＿（2）＿。

（2）A．采用载波侦听，用于发现信道空闲

B．采用冲突检测，用于发现冲突，减少浪费

C．采用冲突避免，用于减少冲突

D．采用二进制指数退避，用于减少冲突

■ **试题分析**　在无线网络中使用 CSMA/CA 协议，而不使用 CSMA/CD 协议是因为无线网络的载波不方便实现载波检测。主要原因有两点：①无线网络中，接收信号的强度往往远小于发送信号，因此要实现碰撞的花费过大；②隐蔽站，并非所有站都能听到对方，如图 4-5（a）所示。而暴露站的问题是可以检测信道忙碌，但未必影响数据发送，如图 4-5（b）所示。

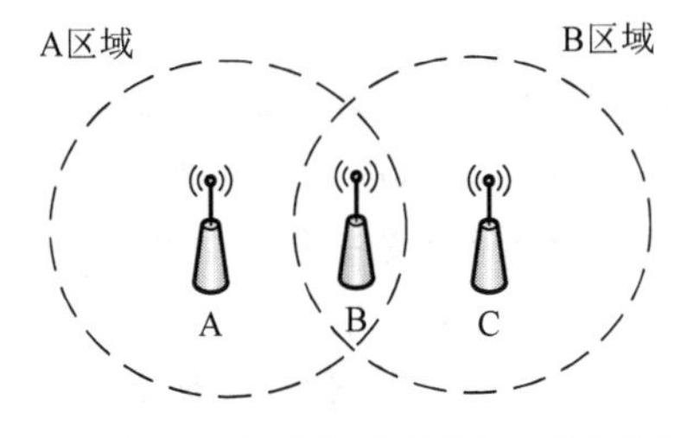

（a）A、C同时向B发送信号，发送碰撞

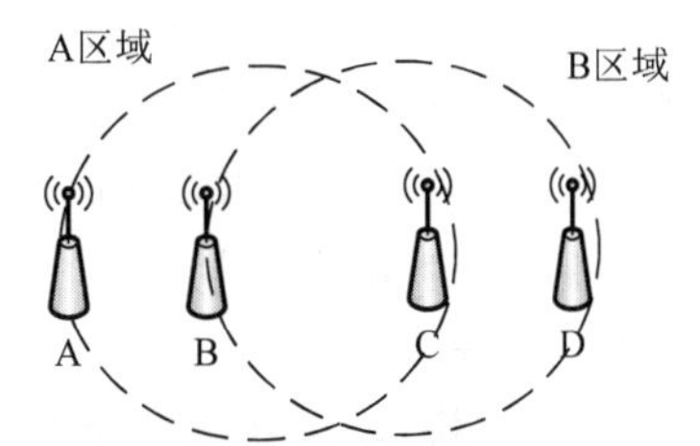

（b）B向A发送信号，避免碰撞，阻止C向D发送数据

图 4-5　隐蔽站和暴露站问题

因此，CSMA/CA 就是减少碰撞，而不是检测碰撞。

■ **参考答案** （2）B

● 阅读以下说明，回答问题 1 至问题 3。

【说明】某公司拟建设一套内部办公局域网，其拓扑结构如图 4-6 所示。该局域网主干网络为有线网络，接入层采用无线控制器（AC）和无线接入点（AP）的方式完成用户终端的无线接入。

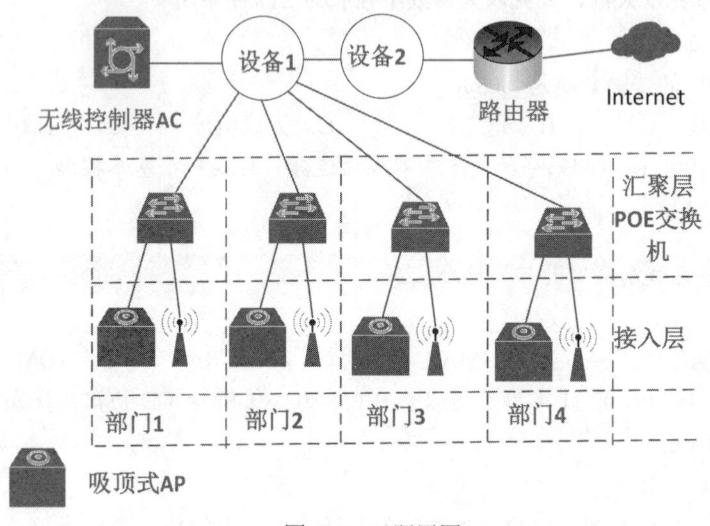

图 4-6　习题用图

【问题 1】（每空 1 分，共 5 分）

该拓扑结构属于＿（1）＿拓扑。请为设备 1 和设备 2 选择最合适的网络设备，并简要说明该设备的作用。

设备 1：＿（2）＿，作用：＿（3）＿；设备 2：＿（4）＿作用：＿（5）＿。

（1）备选项：

A．总线型　　B．环型　　C．星型

（2）、（4）备选项：

A．网卡　　B．集线器　　C．核心交换机　　D．网桥

E．防火墙　　G．服务器

■ **试题分析** 第（1）空，该网络拓扑结构可以从题干提供的拓扑图中看到有一台核心设备，也就是设备 1，它跟下面所有的汇聚层（Power Over Ethernet，POE）交换机连接在一起，POE 交换机的下层再连接接入层的设备，因此整个网络拓扑结构很显然是一种典型的星型结构。第（2）空，从图中可以看到设备 1，它是处在整个网络的中心位置，分别用于连接无线网络控制器（AC）和所有的汇聚层 POE 交换机，因此该设备显然是一个核心交换机。核心交换机的作用是为内部网络提供一个高速转发的核心层。设备 2 的位置处于核心交换机和对外连接因特网的路由器之间，因此这个设备最有可能是一个防火墙。防火墙是一种典型的安全设备，主要部署在内网和因特网之间，

用来给内网提供一个安全的网络屏障，用于保护内部网络的安全。

■ **参考答案** （1）C （2）C （3）为内部网络提供一个高速转发的核心层

（4）E （5）给内网提供一个安全的网络屏障，用于保护内部网络的安全

【问题2】（每空1分，共3分）

为提高核心层网络的可靠性，可以使用__（6）__技术进行组网。如果汇聚层交换机上连拟采用链路聚合的方式进行连接，链路聚合技术的优点有实现负载均衡、__（7）__和__（8）__。

■ **试题分析** 在交换网络的设计中，由于核心设备往往只有一个，所以可能会由于核心设备的故障带来网络的不可靠。因此，为了提高交换网络的可靠性，通常采用冗余的方式提高可靠性，如通过设置双核心交换机，提高可靠性。

链路聚合技术的优点：

1）链路聚合能够提高链路带宽：通过聚合多条链路，一聚合端口的带宽可以扩展为单条链路的N倍，形成一条高带宽的逻辑链路。

2）链路聚合提高可靠性：配置成链路聚合之后，任何一个成员接口发生故障，聚合链路都可以把流量切换到另一条成员链路上。

3）链路聚合实现负载均衡：一个聚合链路可以把流量平均地分散到多个不同的成员链路上，实现负载均衡。

■ **参考答案** （6）双核心 （7）提高链路带宽 （8）提高可靠性

【问题3】（每空2分，共6分）

该公司办公局域网采用WLAN的方式进行用户终端接入，WLAN采用的技术标准是__（9）__；该公司采用的WLAN架构为AP方式，这种方式对AP的管理特点是__（10）__和__（11）__。

（9）备选项：

A．IEEE 802.3 B．IEEE 802.11 C．IEEE 802.16 D．IEEE 802.20

（10）、（11）备选项：

A．AP集中管理 B．AP独立管理

C．不支持AP零配置 D．支持AP零配置

■ **试题分析** 无线局域网络所采用的技术标准是IEEE 802.11标准。选项A对应的是以太网所用的技术标准，选项C是无线城域网所采用的标准。选项D是一种移动宽带无线接入的标准。

从题干给出的拓扑图（图4-6）可以看到，在核心交换机位置有一个无线网络控制器AC，下面的接入层有无线的AP。因此该无线网络是一种典型的AC+AP的部署方式。这种方式部署的无线网络所有的AP通过AC进行集中管理，所有的配置信息可以通过集中管理控制器AC下发，因此这些AP可以支持零配置。

■ **参考答案** （9）B （10）A （11）D

课堂练习

- 以太网帧格式如下图所示，其中“长度”字段的作用是__（1）__。

前导字段	帧起始符	目标地址	源地址	长度	数据	填充	校验和

（1）A．表示数据字段的长度
B．表示封装的上层协议的类型
C．表示整个帧的长度
D．既可以表示数据字段长度，也可以表示上层协议的类型

- 无线局域网标准802.11g理论上可以达到的最大速率是__（2）__。

（2）A．11Mbit/s　　B．54Mbit/s　　C．600Mbit/s　　D．1000Mbit/s

试题分析

试题 1 分析：以太网帧格式中的“长度”字段的作用是既可以表示数据字段长度，也可以表示上层协议的类型。除此以外，还要注意填充字段、校验和字段和源地址、目标地址字段的作用。

■ **参考答案**（1）D

试题2分析：IEEE在1997年推出了IEEE 802.11无线局域网（Wireless LAN）标准，经过多年的补充和完善，形成了一个系列（即IEEE 802.11系列）标准。目前，该系列标准已经成为无线局域网的主流标准。

IEEE 802.11系列标准见表4-2。

表4-2　IEEE 802.11系列标准

标准	运行频段	主要技术	数据速率
IEEE 802.11	2.400～2.483GHz	DBPSK、DQPSK	1Mb/s和2Mb/s
IEEE 802.11a	5.150～5.350GHz、5.725～5.850GHz，与IEEE 802.11b/g互不兼容	OFDM调制技术	54Mb/s
IEEE 802.11b	2.400～2.483GHz，与IEEE 802.11a互不兼容	CCK技术	11Mb/s
IEEE 802.11g	2.400～2.483GHz	OFDM调制技术	54Mb/s
IEEE 802.11n	支持双频段，兼容IEEE 802.11b与IEEE 802.11a两种标准	MIMO（多进多出）与OFDM技术	300～600Mb/s
IEEE 802.11ac	核心技术基于IEEE 802.11a，工作在5.0GHz频段上以保证向下兼容性	MIMO（多进多出）与OFDM技术	可达1Gb/s

■ **参考答案**（2）B

第5章 网络层

知识点图谱与考点分析

网络层在考试中占有极其重要的位置，这一知识领域中考查的问题涉及面广，其中的 IP 地址、IP 地址规划与子网划分、网络地址转换（Network Address Translation，NAT）技术及 IPv6 是重要知识点。而且，本知识领域所占的分值比重较大，如 IP 地址的规划和子网划分的题型，每次都要考 4～5 分左右，IPv6 通常要考 1～2 分，因此必须重点掌握。其知识体系图谱如图 5-1 所示。

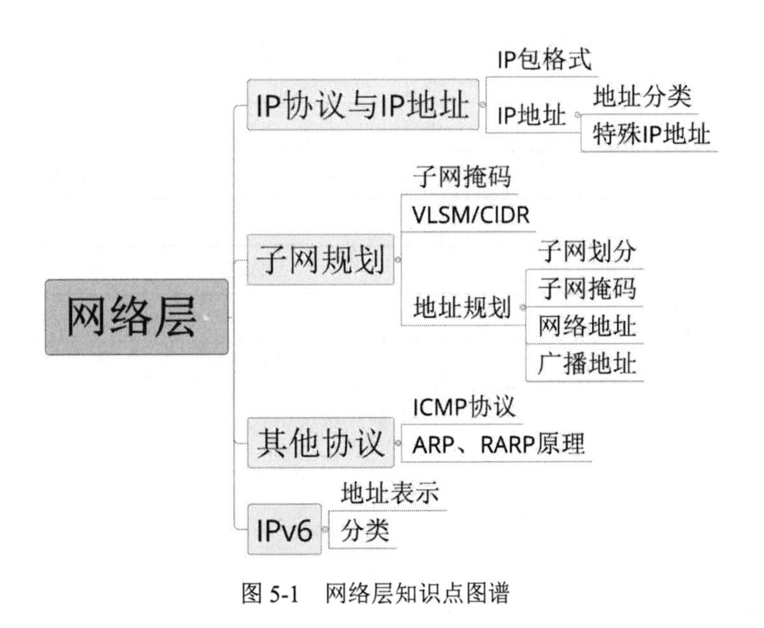

图 5-1　网络层知识点图谱

知识点：IP 协议与 IP 地址

知识点综述

网络之互连的协议（Internet Protocol，IP）与 IP 地址是网络层中最基本的概念，尤其是与 IP 地址相关的内容，在考试中出现的频率非常高，因此必须掌握。其知识体系图谱如图 5-2 所示。

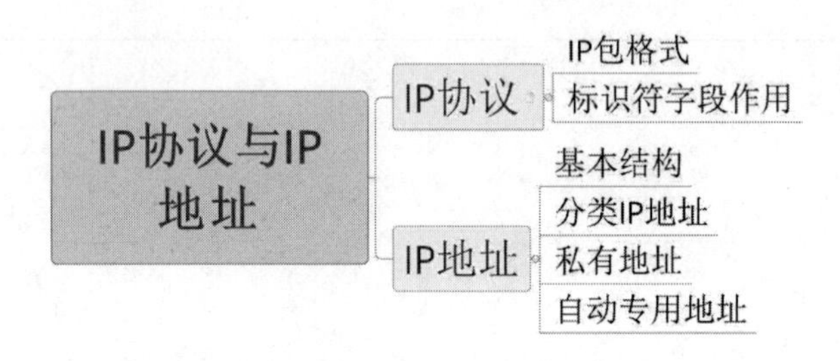

图 5-2　IP 协议与 IP 地址知识体系图谱

【考核方式 1】考查 IP 协议的基本概念。

● IPv4 数据报头中标识符字段的作用是＿（1）＿。

（1）A．指明封装的上层协议　　B．表示松散源路由
　　C．用于分段和重装配　　D．表示提供的服务类型

■ **试题分析**　图 5-3 给出了 IP 数据报头（Packet Header）结构。

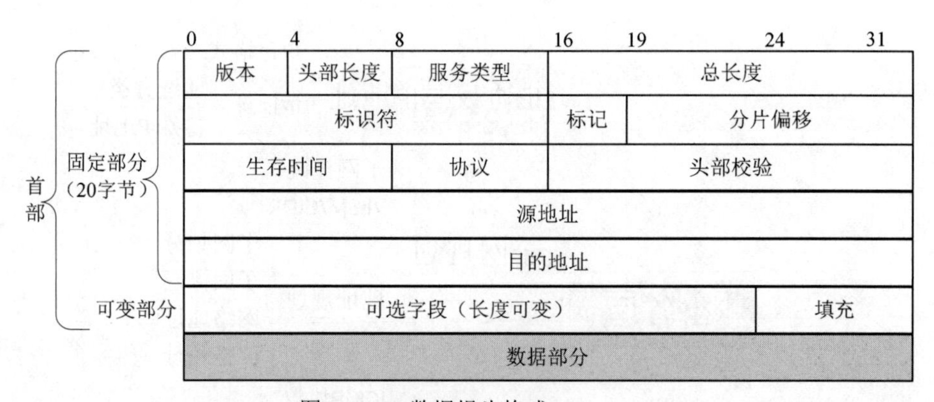

图 5-3　IP 数据报头格式

标识符（Identifier）字段长度 16 位。同一数据报分段后，标识符一致，这样便于重装成原来的数据报。

■ **参考答案**　（1）C

● IPv4 首部的最小长度为＿（2）＿字节。

（2）A．20　　B．40　　C．128　　D．160

■ 试题分析 本题考查的是IP首部的基本格式和参数。如图5-3所示，一个IP头部长度只有4bit，最大的值为15。而一个IP头部长度至少有20字节，因此这个头部长度的基本单位是4字节，最大可以表示15×4=60字节。如果没有可选字段和填充部分，则基本长度就是20字节。

■ 参考答案（2）A

【考核方式2】考核如何确定IP地址的类型及特殊的IP地址。

- 自动专用IP地址（Automatic Private IP Address，APIPA）是IANA（Internet Assigned Numbers Authority）保留的一个地址块，它的地址范围是__（1）__。当__（2）__时，使用APIPA。

（1）A．A类地址块10.254.0.0~10.254.255.255
B．A类地址块100.254.0.0~100.254.255.255
C．B类地址块168.254.0.0~168.254.255.255
D．B类地址块169.254.0.0~169.254.255.255

（2）A．通信对方要求使用APIPA地址
B．由于网络故障而找不到DHCP服务器
C．客户机配置中开启了APIPA功能
D．DHCP服务器分配的租约到期

■ 试题分析 **169.254.X.X是保留地址**。如果PC机上的IP地址设置自动获取，而PC机又没有找到相应的动态主机配置协议（Dynamic Host Configuration Protocol，DHCP）服务，那么最后PC机可能得到保留地址中的一个IP。这类地址又称为自动专用IP地址（APIPA）。APIPA是IANA保留的一个地址块。

■ 参考答案（1）D　（2）B

- IP地址202.117.17.255/22是__（3）__。

（3）A．网络地址　　B．全局广播地址
C．主机地址　　D．定向广播地址

■ 试题分析 本题也是关于IP子网计算的问题，最直接的方式就是将IP地址直接换算为二进制，即可看出主机部分的情况。202.117.00010001.11111111可以看出最后的（32-22）=10bit即可。最后10bit是01.11111111，不是全1，也不是全0，因此不是广播地址，也不是网络地址，而是一个主机地址。

■ 参考答案（3）C

- 下列IP地址中，属于私有地址的是__（4）__。

（4）A．100.1.32.7　　B．192.178.32.2　　C．172.17.32.15　　D．172.35.32.244

■ 试题分析 一共有三个私有地址段，地址范围分别是10.0.0.0～10.255.255.255；172.16.0.0～172.31.255.255；192.168.0.0～192.168.255.255。

C类地址范围：192.0.0.0～223.255.255.255。

■ 参考答案 （4）C

【考核方式 3】考核 IP 地址的结构。

● 32 位的 IP 地址可以划分为网络号和主机号两部分。以下地址中，___（1）___不能作为目标地址，___（2）___不能作为源地址。

（1）A．0.0.0.0　　B．127.0.0.1　　C．10.0.0.1　　D．192.168.0.255/24

（2）A．0.0.0.0　　B．127.0.0.1　　C．10.0.0.1　　D．192.168.0.255/24

■ 试题分析 特殊地址特性见表 5-1。

表 5-1　特殊地址特性

地址名称	地址格式	特点	可否作为源地址	可否作为目标地址
有限广播	255.255.255.255（网络字段和主机字段全 1）	不被路由，会被送到相同物理网络段上的所有主机	N	Y
直接广播	主机字段全 1，例如 192.1.1.255	广播会被路由，并会发送到专门网络上的每台主机	N	Y
网络地址	主机位全 0 的地址，例如 192.168.1.0	表示一个子网	N	N
全 0 地址	0.0.0.0	代表任意主机	Y	N
环回地址	127.X.X.X	向自己发送数据	Y	Y

■ 参考答案 （1）A　（2）D

知识点：子网规划

知识点综述

子网规划是每年网络管理员考试的重点内容之一，该知识点在每年的考试中所占的分值为 4～6 分，因此对子网规划的相关计算都必须重点掌握。本知识点的体系图谱如图 5-4 所示。

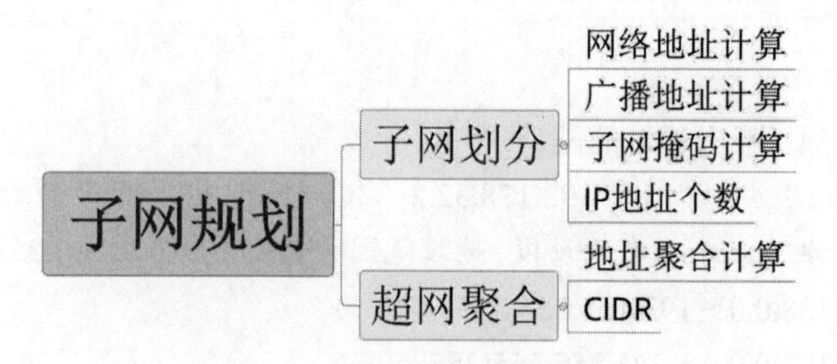

图 5-4　子网规划知识体系图谱

【考核方式1】计算IP地址段中对应的主机地址、网络地址、广播地址等。

- 以下给出的地址中，属于子网172.112.15.19/28的主机地址是___(1)___。

  (1) A．172.112.15.17　　B．172.112.15.14　　C．172.112.15.16　　D．172.112.15.31

■ 试题分析 解答这种类型的IP地址的计算问题，通常是计算出该子网对应的IP地址范围。本题中由"/28"可以知道，主机为32-28=4bit，也就是每个子网有2^4个地址。因此第一个地址段是172.112.15.0～172.112.15.15，第2个地址段是172.112.15.16～172.112.15.31，因此与172.112.15.19所在的地址段是第2段的只有选项A。

■ 参考答案 (1) A

- 一个网络的地址为172.16.7.128/26，则该网络的广播地址是___(2)___。

  (2) A．172.16.7.255　　B．172.16.7.129　　C．172.16.7.191　　D．172.16.7.252

■ 试题分析 给定IP地址和掩码，求广播地址。

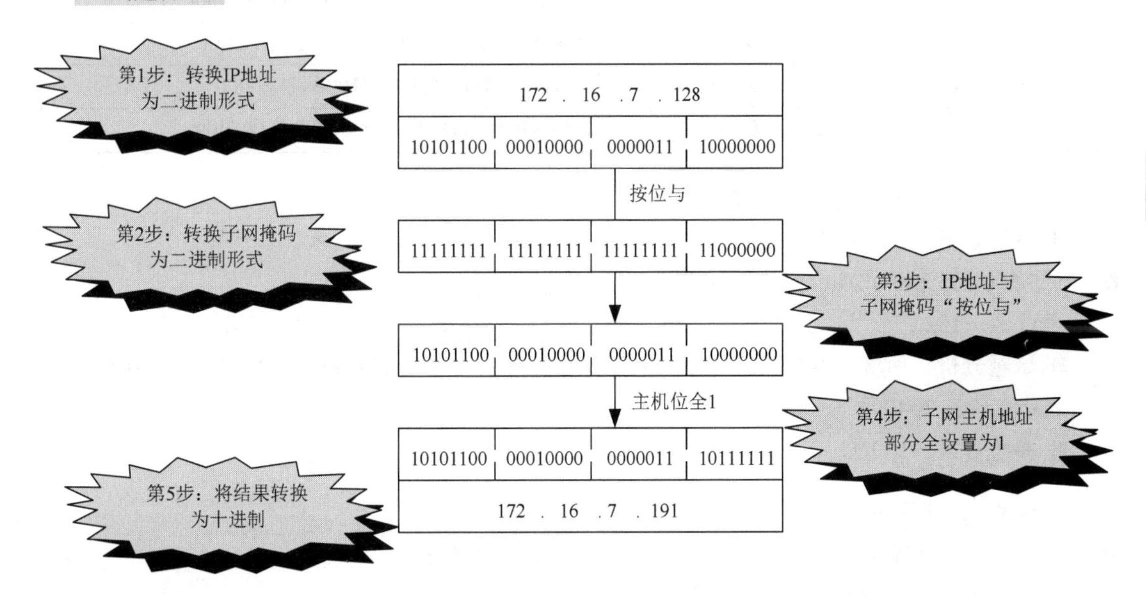

■ 参考答案 (2) C

- 设IP地址为18.250.31.14，子网掩码为255.240.0.0，则子网地址是___(3)___。

  (3) A．18.0.0.14　　B．18.31.0.14　　C．18.240.0.0　　D．18.9.0.14

■ 试题分析 本题解题过程见表5-2。

表5-2 解题过程

	十进制	二进制
子网地址	18. 250.31.14	**00010010. 1111**1010.00011111.00001110
子网掩码	255.240.0.0	**11111111. 1111**0000. 00000000.00000000
合并后超网地址	18.240.0.0/12	**00010010. 1111**0000.00000000.00000000

■ 参考答案 （3）C

【考核方式2】计算IP地址的个数。

- 某用户分配的网络地址为192.24.0.0～192.24.7.0，这个地址块可以用___（1）___表示，其中可以分配___（2）___个主机地址。

（1）A．192.24.0.0/20　　B．192.24.0.0/21　　C．192.24.0.0/16　　D．192.24.0.0/24

（2）A．2032　　B．2048　　C．2000　　D．2056

■ 试题分析 本题解题过程见表5-3。

表5-3 解题过程

	十进制	二进制
子网地址	192.24.0.0	**11000000.00011000**.00000000.00000000
	192.24.7.0	**11000000.00011000.00000**111.00000000
子网掩码	255.255.248.0	**11111111.11111111.11111**000.00000000
合并后超网地址	192.24.0.0/21	**11000000.00011000.00000**000.00000000

可以分配的主机数=$8\times(2^8-2)=2032$。

■ 参考答案 （1）B　（2）A

- 网络200.105.140.0/20中可分配的主机地址数是___（3）___。

（3）A．1022　　B．2046　　C．4094　　D．8192

■ 试题分析 网络200.105.140.0/20得到子网掩码20位，主机位有32−20=12位。则可分配的主机地址数=$2^{12}-2=4094$

■ 参考答案 （3）C

【考核方式3】计算子网掩码。

- 给定一个C类网络192.168.1.0/24，要在其中划分出3个60台主机的网段和2个30台主机的网段，则采用的子网掩码应该分别为___（1）___。

（1）A．255.255.255.128和255.255.255.224　　B．255.255.255.128和255.255.255.240

C．255.255.255.192和255.255.255.224　　D．255.255.255. 192和255. 255. 255. 240

■ 试题分析 255.255.255.192（11111111.11111111.11111111. 11000000）主机位为6位，可以容纳62台主机。

255.255.255.224（11111111.11111111.11111111. 11100000）主机位为5位，可以容纳30台主机。

■ 参考答案 （1）C

- 如果一个公司有2000台主机，则必须给它分配___（2）___个C类网络。为了使该公司网络在路由表中只占一行，指定给它的子网掩码应该是___（3）___。

（2）A．2　　B．8　　C．16　　D．24

（3）A．255.192.0.0　　B．255.240.0.0　　C．255.255.240.0　D．255.255.248.0

■ **试题分析** 一个C类网络可以有254台主机，因此2000台主机需要2000/254≈8个。

在路由表中只占一行，表示要进行8个C类网络的路由汇聚。即需要向24位网络位借3位作为子网位。指定给它的子网掩码应该是/21，即255.255.248.0。

■ **参考答案** （2）B　（3）D

【考核方式4】计算路由聚合地址。

- 对下面一条路由：202.115.129.0/24、202.115.130.0/24、202.115.132.0/24和202.115.133.0/24进行路由汇聚，能覆盖这4条路由的地址是__（1）__。

（1）A．202.115.128.0/21　　B．202.115.128.0/22

C．202.115.130.0/22　　D．202.115.132.0/23

■ **试题分析** 地址聚合的计算可以按照以下步骤进行。

第1步：将所有十进制的子网转换成二进制。

本题转换结果见表5-4。

表5-4　转换结果

	十进制	二进制
子网地址	202.115.129.0/24	**11001010.01110011.10000** 001.00000000
	202.115.130.0/24	**11001010. 01110011.10000** 010.00000000
	202.115.132.0/24	**11001010. 01110011.10000** 100.00000000
	202.115.133.0/24	**11001010. 01110011.10000** 101.00000000
合并后超网地址	202.115128..0/21	**11001010. 01110011.10000** 000.00000000

第2步：从左到右，找连续的相同位及相同位数。

从表5-4可以发现，相同位为21位，即**11001010. 01110011.10000**000.00000000为新网络地址，将其转换为点分十进制，得到的汇聚网络为202.115.128.0/21。

■ **参考答案** （1）A

- 无类别域间路由（Classless Inter-Domain Routing，CIDR）技术有效地解决了路由缩放问题。使用CIDR技术把4个网络C1：192.24.0.0/21；C2：192.24.16.0/20；C3：192.24.8.0/22；C4：192.24.34.0/23汇聚成一条路由信息，得到的网络地址是__（2）__。

（2）A．192.24.0.0/13　　B．192.24.0.0/24

C．192.24.0.0/18　　D．192.24.8.0/20

■ **试题分析** 本题的解答过程与第1题完全一样，这种题型每年都会考到，因此一定要掌握这个方法。

■ **参考答案** （2）C

【考核方式 5】子网划分。

- 某公司网络的地址是 133.10.128.0/17，被划分成 16 个子网，下列选项中不属于这 16 个子网的地址是__（1）__。

（1）A．133.10.136.0/21　　B．133.10.162.0/21

C．133.10.208.0/21　　D．133.10.224.0/21

■ 试题分析　地址 133.10.128.0/17 转化为点分二进制形式 **10000101.00001010.1**0000000.00000000，其中前 17 位是网络位，后面则是主机位。按要求划分 16 个子网，则需要在主机位划出 4 位作为子网位。

将其划分为 16 个子网，则各个子网的地址为：

10000101.00001010.10000000.00000000 转换为点分十进制为 133.10.128.0/21

10000101.00001010.10001 000.00000000 转换为点分十进制为 133.10.136.0/21

10000101.00001010.10010 000.00000000 转换为点分十进制为 133.10.144.0/21

10000101.00001010.10011 000.00000000 转换为点分十进制为 133.10.152.0/21

10000101.00001010.10100000.00000000 转换为点分十进制为 133.10.160.0/21

10000101.00001010.10101000.00000000 转换为点分十进制为 133.10.168.0/21

10000101.00001010.10110000.00000000 转换为点分十进制为 133.10.176.0/21

10000101.00001010.10111000.00000000 转换为点分十进制为 133.10.184.0/21

10000101.00001010.11000000.00000000 转换为点分十进制为 133.10.192.0/21

10000101.00001010.11001000.00000000 转换为点分十进制为 133.10.200.0/21

10000101.00001010.11010000.00000000 转换为点分十进制为 133.10.208.0/21

10000101.00001010.11011000.00000000 转换为点分十进制为 133.10.216.0/21

10000101.00001010.11100000.00000000 转换为点分十进制为 133.10.224.0/21

10000101.00001010.11101000.00000000 转换为点分十进制为 133.10.232.0/21

10000101.00001010.11110000.00000000 转换为点分十进制为 133.10.240.0/21

10000101.00001010.11111000.00000000 转换为点分十进制为 133.10.248.0/21

这里只有 B 选项不是子网的子网地址。

■ 参考答案　（12）B

知识点：网络层其他协议

知识点综述

本知识点主要考查 NAT 的基本概念，以及其他常用网络层协议的工作原理和应用。其中网络控制报文协议（Internet Control Message Protocol，ICMP）协议是考试的一个重要内容，注意在下午的考试中 NAT 的概念和原理也是常考的知识点。本知识点的体系图谱如图 5-5 所示。

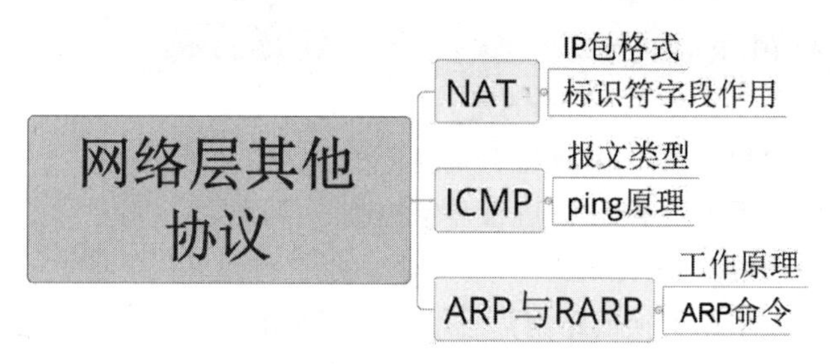

图 5-5 网络层其他协议知识体系图谱

参考题型

【考核方式 1】考核 NAT 与 IP 伪装的概念。

- 有一种 NAT 技术叫作“地址伪装”(Masquerading)，下面关于地址伪装的描述中正确的是__(1)__。

（1）A．把多个内部地址翻译成一个外部地址和多个端口号

B．把多个外部地址翻译成一个内部地址和一个端口号

C．把一个内部地址翻译成多个外部地址和多个端口号

D．把一个外部地址翻译成多个内部地址和一个端口号

■ **试题分析** Masquerading 伪装地址方式是通过改写数据包的源 IP 地址为自身接口的 IP 地址，可以指定 port 对应的范围。这个功能与源地址转换（Source Network Address Translation，SNAT）不同的是，当进行 IP 伪装时，不需要指定伪装成哪个 IP 地址，这个 IP 地址会自动从网卡读取，尤其是当使用 DHCP 方式获得地址时，Masquerading 特别有用。

■ **参考答案** （1）A

【考核方式 2】考核 ICMP 协议的相关概念。

- Windows 下连通性测试命令 ping 是__(1)__协议的一个应用。

（1）A．TCP B．ARP C．UDP D．ICMP

■ **试题分析** Internet 控制报文协议（Internet Control Message Protocol，ICMP）是 TCP/IP 协议簇的一个子协议，是网络层协议，用于在 IP 主机、路由器之间传递控制消息。控制消息是指网络是否通、主机是否可达、路由是否可用等网络本身的消息。这些控制消息虽然并不传输用户数据，但是对于用户数据的传递起着重要的作用。

■ **参考答案** （1）D

- 在 IP 报文传输过程中，由__(2)__报文来报告差错。

（2）A．ICMP B．ARP C．DNS D．ACL

■ **试题分析** ICMP 用于 Internet 控制报文的错误和信息。其中 Echo Request/Echo Reply 用于报告差错信息。

■ **参考答案** （2）A

【考核方式 3】考核 ARP、RARP 协议的相关概念。

● 以下关于 RARP 协议的说法中，正确的是__（1）__。

（1）A. RARP 协议根据主机 IP 地址查询对应的 MAC 地址
B. RARP 协议用于对 IP 协议进行差错控制
C. RARP 协议根据 MAC 地址求主机对应的 IP 地址
D. RARP 协议根据交换的路由信息动态改变路由表

■ 试题分析　反向地址解析（Reverse Address Resolution Protocol，RARP）是将 48 位的以太网地址解析成为 32 位的 IP 地址。

■ 参考答案　（1）C

● ARP 协议的作用是__（2）__，它的协议数据单元封装在__（3）__中传送。ARP 请求是采用__（4）__方式发送的。

（2）A. 由 MAC 地址求 IP 地址　　B. 由 IP 地址求 MAC 地址
C. 由 IP 地址查域名　　D. 由域名查 IP 地址

（3）A. IP 分组　　B. 以太帧　　C. TCP 段　　D. UDP 报文

（4）A. 单播　　B. 组播　　C. 广播　　D. 点播

■ 试题分析　地址解析协议（Address Resolution Protocol，ARP）是在网络层的协议，主要用于解析 IP 地址对应的 MAC 地址。数据封装在以太帧里面，因为要对所有的机器发出请求，因此其目标地址是广播地址，所以是以广播形式发送。

■ 参考答案　（2）B　（3）B　（4）C

● 在 TCP/IP 体系结构中，将 IP 地址转化为 MAC 地址的协议是__（5）__；__（6）__属于应用层协议。

（5）A. RARP　　B. ARP　　C. ICMP　　D. TCP

（6）A. UDP　　B. IP　　C. ARP　　D. DNS

■ 试题分析　考生需要对 TCP/IP 体系结构中常用的各种协议以及所在的层次有清晰的了解。问题实际上是在考查 ARP 和 RARP 定义。其中地址解析协议（ARP）是将 32 位的 IP 地址解析成 48 位的以太网地址；而反向地址解析（RARP）则是将 48 位的以太网地址解析成 32 位的 IP 地址。ARP 报文封装在以太网帧中进行发送。

DNS 域名解析是一种用于解析域名对应 IP 地址的服务，属于应用层。

■ 参考答案　（5）B　（6）D

知识点：IPv6

知识点综述

IPv6 在近年来的考试中出现得越来越频繁，分值也越来越高，因此对于 IPv6 的基本概念、地址类型、地址表示形式及 IPv4 与 IPv6 兼容的方式等知识要重点了解。本知识点的体系图谱如图 5-6 所示。

图 5-6　IPv6 知识点体系图谱

参考题型

【考核方式 1】考核 IPv6 协议的分类及长度。

● IPv6 地址长度为__（1）__位。

（1）A．32　　B．64　　C．128　　D．256

■ **试题分析**　IPv6 的地址长度为 128 位，实际应用中采用十六进制表示。因为 IPv6 地址比较长，为了便于书写和阅读，通常用以下 3 种表示方法：

1）冒分十六进制表示法。格式为 X:X:X:X:X:X:X:X，其中每个“X”表示地址中的 16bit，“X”用十六进制表示，这是最常使用的冒分十六进制表示形式。如 2003:0123:0123:1223:0DD8:0D45:0000:50A3，可以表示为 2003:123:123:1223:DD8:D45:0:50A3。

2）0 位压缩表示法。如果一个 IPv6 地址中间包含很长的一段“0”，可以把连续的一段“0”压缩为“::”。但为保证地址表示的唯一性，地址中“::”仅能出现一次。

例如，2001:0:0:0:0:0:1234:5678 可以表示为 2001::1234:5678。

3）内嵌 IPv4 地址表示法。为了兼容 IPv4 地址，IPv4 地址可以嵌入 IPv6 地址中，地址可以表示为 X:X:X:X:X:X:d.d.d.d，其中前 96 位采用冒分十六进制表示，而最后 32 位地址则使用 IPv4 的点分十进制表示，在前 96 位中，0 位压缩的方法依旧适用。

■ **参考答案**　（1）C

● IPv6 首部的长度是__（2）__字节。

（2）A．5　　B．20　　C．40　　D．128

■ **试题分析**　本题是一道基础概念题，考生需要熟练掌握以太网帧格式，IPv4 和 IPv6 数据包格式，以及 TCP 报文段格式。其中 IPv4 的基本首部长度是 20 字节，IPv6 首部中的基本长度是 40 字节。

■ **参考答案**　（2）C

【考核方式 2】考核 IPv6 地址的表示形式。

● IPv6 地址 33AB:0000:0000:CD30:0000:0000:0000:0000/60 可以表示成各种简写形式，以下写法中正确的是__（1）__。

（1）A．33AB:0:0:CD30::/60　　B．33AB:0:0:CD3/60
C．33AB::CD30/60　　D．33AB::CD3/60

■ 试题分析 IPv6 的简写法。

1）字段前面的“0”可以省去，后面的“0”不可以省略。

例如：0351 可以简写为 351，3510 不可以简写为 351。

2）一个或者多个字段的“0”可以用“::”代替，但是只能替代一次。

例如：

7000:0000:0000:0000:0351:4167:79AA:DACF 可以简写为 7::351:4167:79AA:DACF。

12AB:0000:0000:CD30:0000:0000:0000:0000/60 可以简写为 12AB:0:0:CD30: ::/60

33AB:**0000:0000**:CD30:**0000:0000:0000:0000**/60，标黑的地方均可以简写，正确的形式是 33AB:**0**:**0**:CD30::/60。

■ 参考答案 （1）A

课堂练习

● IP 地址分为公网地址和私网地址，以下地址中属于私有网络地址的是__（1）__。

（1）A．10.216.33.124　　B．127.0.0.1　　C．172.34.21.15　　D．192.32.146.23

● 地址 192.168.37.192/25 是__（2）__，地址 172.17.17.255/23 是__（3）__。

（2）A．网络地址　　B．组播地址　　C．主机地址　　D．定向广播地址

（3）A．网络地址　　B．组播地址　　C．主机地址　　D．定向广播地址

● 以下地址中不属于网络 100.10.96.0/20 的主机地址是__（4）__。

（4）A．100.10.111.17　　B．100.10.104.16

C．100.10.101.15　　D．100.10.112.18

● 某公司网络的地址是 200.16.192.0/18，划分成 16 个子网，下面的选项中，不属于这 16 个子网地址的是__（5）__。

（5）A．200.16.236.0/22　　B．200.16.224.0/22

C．200.16.208.0/22　　D．200.16.254.0/22

● 下列地址中，属于 154.100.80.128/26 的可用主机地址是__（6）__。

（6）A．154.100.80.128　　B．154.100.80.190

C．154.100.80.192　　D．154.100.80.254

● SP 分配给某公司的地址块为 199.34.76.64/28，则该公司得到的地址数是__（7）__。

（7）A．8　　B．16　　C．32　　D．64

● 如果子网 172.6.32.0/20 被划分为子网 172.6.32.0/26，则下面的结论中正确的是__（8）__。

（8）A．被划分为 62 个子网　　B．每个子网有 64 个主机地址

C．被划分为 64 个子网　　D．每个子网有 62 个主机地址

● 可以用于表示地址块 220.17.0.0～220.17.7.0 的网络地址是__（9）__，这个地址中可以分配__（10）__个主机地址。

（9）A．220.17.0.0/20　B．220.17.0.0/21　C．220.17.0.0/16　D．220.17.0.0/24

（10）A．2032　B．2048　C．2000　D．2056

- 使用CIDR技术把4个C类网络192.24.12.0/24、192.24.13.0/24、192.24.14.0/24和192.24.15.0/24汇聚成一个超网，得到的地址是__（11）__。

（11）A．192.24.8.0/22　B．192.24.12.0/22

C．192.24.8.0/21　D．192.24.12.0/21

- 若某公司有2000台主机，则必须给它分配__（12）__个C类网络。为了使该公司的网络地址在路由表中只占一行，给它指定的子网掩码必须是__（13）__。

（12）A．2　B．8　C．16　D．24

（13）A．255.192.0.0　B．255.240.0.0　C．255.255.240.0　D．255.255.248.0

- 为了确定一个网络是否可以连通，主机应该发送ICMP__（14）__报文。

（14）A．回声请求　B．路由重定向

C．时间戳请求　D．地址掩码请求

- ARP表用于缓存设备的IP地址与MAC地址的对应关系，采用ARP表的好处是__（15）__。

（15）A．便于测试网络连接数　B．减少网络维护工作量

C．限制网络广播数量　D．解决网络地址冲突

- IPv6的“链路本地地址”是将主机的__（16）__附加在地址前缀1111 1110 10之后产生的。

（16）A．IPv4地址　B．MAC地址　C．主机名　D．任意字符串

- IPv6地址12AB:0000:0000:CD30:0000:0000:0000:0000/60可以表示成各种简写形式，下列选项中，写法正确的是__（17）__。

（17）A．12AB:0:0:CD30::/60　B．12AB:0:0:CD3/60

C．12AB::CD30/60　D．12AB::CD3/60

- 假设分配给用户U1的网络号为192.25.16.0～192.25.31.0，则U1的地址掩码应该为__（18）__；假设分配给用户U2的网络号为192.25.64.0/20，如果路由器收到一个目标地址为11000000.00011001.01000011.00100001的数据报，则该数据报应传送给用户__（19）__。

（18）A．255.255.255.0　B．255.255.250.0

C．255.255.248.0　D．255.255.240.0

（19）A．U1　B．U2　C．U1或U2　D．不可到达

- 关于ARP命令的描述中，错误的是__（20）__。

（20）A．arp -a显示ARP缓存表的内容

B．arp -a -N 10.0.0.99显示接口的ARP缓存表

C．arp -s 10.0.0.80 00-AA-00-4F-2A-9C添加一条静态表项

D．arp -c清空ARP缓存表项

- 某单位现有网络拓扑结构如图5-7所示，实现用户上网的功能。该网络使用的交换机均为三层设备，用户地址分配为手动指定。

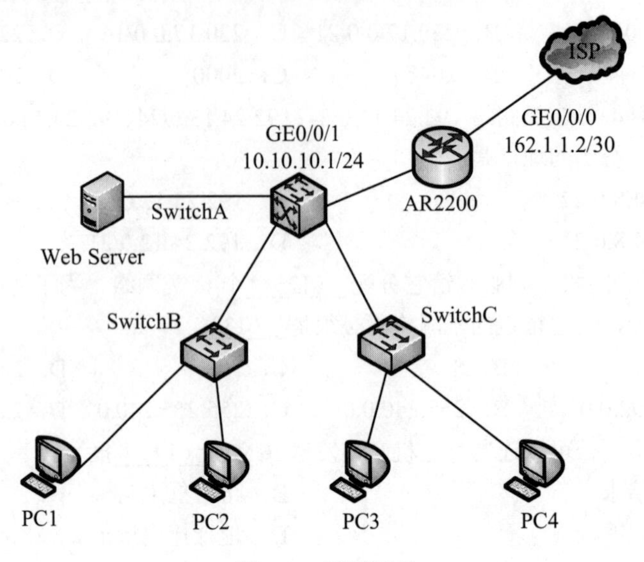

图 5-7　习题用图

路由器 AR2200 的 GE0/0/1 接口地址为内网地址，为确保内部用户访问 Internet，需要在该设备配置＿（21）＿。

- 以下关于 IPv6 地址配置的说法中，不正确的是＿（22）＿。

（22）A．IPv6 地址只能手动配置
　　B．IPv6 支持 DHCPv6 的形式进行地址配置
　　C．IPv6 支持无状态自动配置
　　D．IPv6 地址支持多种方式的自动配置

试题分析

试题 1 分析：IP 地址的范围如下：

- A 类地址范围：1.0.0.0～126.255.255.255。
- 10.X.X.X 是私有地址。
- 127.X.X.X 是保留地址，叫作环回（Loopback）地址。
- B 类地址范围：128.0.0.0～191.255.255.255。
- 172.16.0.0～172.31.255.255 是私有地址。
- 169.254.X.X 是保留地址，叫作（APIPA）地址，PC 无法获得动态地址时，作为临时的主机地址。
- C 类地址范围：192.0.0.0～223.255.255.255。
- 192.168.X.X 是私有地址。地址范围：192.168.0.0～192.168.255.255。
- D 类地址范围：224.0.0.0～239.255.255.255，组播地址。

● E 类地址范围：240.0.0.0～247.255.255.255，保留用作实验。

对于常用的地址范围必须要记住，属于识记类型。

■ **参考答案** （1）A

试题 2、3 分析：典型的子网掩码计算题型，通过子网掩码计算地址的类型。这里的“/25”表明子网掩码是255.255.255.128。也就是说192.168.37.192属于地址段192.168.37.128～192.168.37.255之间的一个地址，所以属于一个普通的主机地址。172.17.17.255/23 化为二进制，可以得知172.17.000010001.255/23（此处只需要将第 3 字节化为二进制就可以）的后面连续 9bit 都是 1，因此是一个定向广播地址。

■ **参考答案** （2）C （3）D

试题 4 分析：将各地址转换为点分二进制。

点分十进制	点分二进制	
	网络位	主机位
100.10.96.0/20	01100100.00001010.0110	0000.00000000
100.10.111.17	01100100.00001010.0110	1111.00010001
100.10.104.16	01100100.00001010.0110	1000.00001111
100.10.101.15	01100100.00001010.0110	0101.00001111
100.10.112.18	01100100.00001010.0111	0000.00010010

D 选项的网络位不匹配。

■ **参考答案** （4）D

试题 5 分析：某公司网络的地址是 200.16.192.0/18，网络位有 18 位，主机位有 16 位。而题目要求公司网络划分为 16 个子网，因此需要从主机位划分 4 位作为子网。

具体划分见表 5-6。

表 5-6 子网具体划分

	十进制	二进制
子网地址	200.16.192.0/22	**11001000.00010000.110000**00.00000000
	200.16.196.0/22	**11001000.00010000.110001**00.00000000
	200.16.200.0/22	**11001000.00010000.110010**00.00000000
	200.16.204.0/22	**11001000.00010000.110011**00.00000000
	200.16.208.0/22	**11001000.00010000.110100**00.00000000
	200.16.212.0/22	**11001000.00010000.110101**00.00000000
	200.16.216.0/22	**11001000.00010000.110110**00.00000000
	200.16.220.0/22	**11001000.00010000.110111**00.00000000

续表

	十进制	二进制
	200.16.224.0/22	**11001000.00010000.111000**00.00000000
	200.16.228.0/22	**11001000.00010000.111001**00.00000000
	200.16.232.0/22	**11001000.00010000.111010**00.00000000
	200.16.236.0/22	**11001000.00010000.111011**00.00000000
	200.16.240.0/22	**11001000.00010000.111100**00.00000000
	200.16.244.0/22	**11001000.00010000.111101**00.00000000
	200.16.248.0/22	**11001000.00010000.111110**00.00000000
	200.16.252.0/22	**11001000.00010000.111111**00.00000000
超网地址	200.16.192.0/18	**11001000.00010000.1110000**0.00000000

■ **参考答案** （5）D

试题 6 分析：先转换为二进制。

表 5-7　地址转换

	十进制	二进制
子网地址	154.100.80.128/26	**10011010. 1100100. 1010000. 10**000000
广播地址	154.100.80.191	**10011010. 1100100. 1010000. 10**111111
可用地址范围	154.100.80.129～154.100.80.190	

所以只有 154.100.80.190 在其范围内。

■ **参考答案** （6）B

试题 7 分析：199.34.76.64/28 中，主机位=32−28=4 位。因此获得地址数=16。

■ **参考答案** （7）B

试题 8 分析：典型的子网划分问题。从题目可以知道，原来的掩码是/20，划分子网后变为/26，也就是借用了 26−20=6bit 作为子网部分。因此可以知道一共有 2^6=64 个子网，但是早期的路由器在划分子网后，第一个子网的网络地址与主类网络的网络地址是一样的，所以可能出现问题，设置在一些路由器上有一个专门的命令控制是否启用零号子网，如 ip subnet-zero 等。现在的路由器不考虑这种情况，只有在这两个选项同时出现时才考虑这种特殊情况。并且从/26 的掩码知道，每个子网的主机位为 32−26=6，每个子网的可用主机数为 2^6−2=62。

■ **参考答案** （8）D

试题 9、10 分析：此题的解题思路与第 8 题完全一样，可以得出表示地址块 220.17.0.0～220.17.7.0 的网络地址是 220.17.0.0/21。

这个地址段中实际上是 8 个 C 类地址，每个 C 类地址可以分配给主机使用的地址数是 254，因此全部可以分配给主机的地址数为 254×8=2032 个。

■ 参考答案 （9）B （10）A

试题 11 分析：第 1 步：将所有十进制的子网转换成二进制。

本题转换结果见表 5-8。

表 5-8 转换结果

	十进制	二进制
子网地址	192.24.12.0/24	**11000000. 00011000. 000011**00. 00000000
	192.24.12.0/24	**11000000. 00011000.000011**01.00000000
	192.24.14.0/24	**11000000. 00011000.000011**10.00000000
	192.24.15.0/24	**11000000. 00011000.000011**11.00000000
合并后的超网地址	192.24.12.0/22	**11000000. 00011000.000011**00.00000000

第 2 步：从左到右，找连续相同位，并且数出位数的个数即可。

从表 5-8 可以发现，相同位为前连续的 22 位。即 **11000000. 00011000.000011**00.00000000 为新网络地址，将其转换为点分十进制，得到的汇聚网络为 192.24.12.0/22。

■ 参考答案 （11）B

试题 12、13 分析：本题是一道简单计算题，每个 C 类网络最多可以拥有 254 个主机，而公司有 2000 台计算机，因此至少需要 2000/254=7.8 个网络，也就是说，只要分配 8 个 C 类网络即可。为了使该公司的网络地址在路由表中只占一行，也就是要将这 8 个 C 类地址聚合到一起，变成一个超网，那么只要计算出超网的掩码即可。从分析可以看出，要聚合 8 个网络，至少需要 $\log_2 8$=3bit，因此子网掩码应该是 24−3=21bit，换算过来就是 255.255.248.0，因此选 D 选项。

■ 参考答案 （12）B （13）D

试题 14 分析：回应请求/应答 ICMP 报文对用于测试目的主机或路由器的可达性。

■ 参考答案 （14）A

试题 15 分析：主机 ARP 缓存表用于动态存储 IP 地址与 MAC 地址的对应关系。主机要做 ARP 请求时，首先查询 ARP 缓存表，如果没有，再向网络内发送 ARP 广播请求。采用 ARP 表的好处是限制网络广播数量。

■ 参考答案 （15）C

试题 16 分析：链路本地单播地址在邻居发现协议等功能中很有用，该地址主要用于启动时以及系统尚未获取较大范围的地址时，链路节点自动地址配置。该地址起始 10 位固定为 1111111010（FE80::/10）。链路本地单播地址是将主机的 MAC 地址附加在地址前缀 1111 1110 10 之后产生的。

■ 参考答案 （16）B

试题 17 分析：IPv6 简写法如下：

1）字段前面的 0 可以省去，后面的 0 不可以省略。

例如：00351 可以简写为 351，35100 不可以简写为 351。

2）一个或者多个字段0可以用“::”代替，但是只能代替一次。

例如：

7000:0000:0000:0000:0351:4167:79AA:DACF 可以简写为 7::351:4167:79AA:DACF。

12AB:0000:0000:CD30:0000:0000:0000:0000/60 可以简写为 12AB:0:0:CD30:123:4567:89AB:CDEF/60。

■ **参考答案** （17）A

试题18、19分析：第19空是典型的子网计算题型。计算子网掩码时，只需要将IP的首地址和末地址变换为二进制数，从左到右找出相同的bit数即可。这里有个相对比较简单的方法，就是只要计算首地址和末地址不同的部分即可。从题干中可知192.25.16.0～192.25.31.0这个地址段中，第3字节不同，所以只要将第3字节化为二进制。16对应00010000，31对应00011111，因此第3字节相同的bit数就是前面4个bit。因此掩码的长度就是前2个字节的16bit加上第3字节的4bit等于20bit。因此子网掩码就是255.255.240.0。第20空是将目标地址的二进制表示形式化为十进制，再和用户U2所在的IP地址对比即可知道。

目标地址11000000.00011001.01000011.00100001化为十进制就是192.25.67.33 。而用户U2的地址是192.25.64.0/20，对应的地址范围是192.25.64.0～192.25.79.255。因此是发给用户U2的数据包。

■ **参考答案** （18）D （19）B

试题20分析：ARP命令用于管理本机的ARP信息，命令可以带很多参数，常考的主要有-a、-s、-d等。其中-a可以显示所有与本机接口相关的ARP缓存项目，如果有多个接口，可以指定只显示某个接口的ARP缓存信息，因此选项B正确。

-s可以向ARP缓存中人为输入一个静态IP与MAC地址对。

-d用于删除一个人工创建的静态IP与MAC地址对。

■ **参考答案** （20）D

试题21分析：本题考查的是基本概念，内部私有地址要能访问Internet，必须要转换为公网地址，所用的技术就是网络地址转换，即NAT。

■ **参考答案** （21）NAT

试题22分析：IPv6支持手动地址配置和自动配置，常见的自动配置类型有：有状态自动配置和无状态自动配置两种。

有状态自动配置是指主机通过动态配置协议DHCPv6获得IPv6地址以及其他信息。有状态自动配置相对无状态自动配置来说更可控，管理员能够更加清晰地了解主机地址分配的相关信息。

无状态自动配置是根据自己的链路层地址及路由器发布的前缀信息生成IPv6地址，即通过无状态自动配置获取IPv6地址。这种配置类型适用于小型网络和个人。

■ **参考答案** （22）A

第6章 传输层

知识点图谱与考点分析

传输层的两个主要协议就是传输控制协议（Transmission Control Protocol，TCP）和用户数据报协议（User Datagram Protocol，UDP），考试中对TCP协议的考查相对比较多。本章主要需要掌握这两个协议的一些基本概念。其知识体系图谱如图6-1所示。

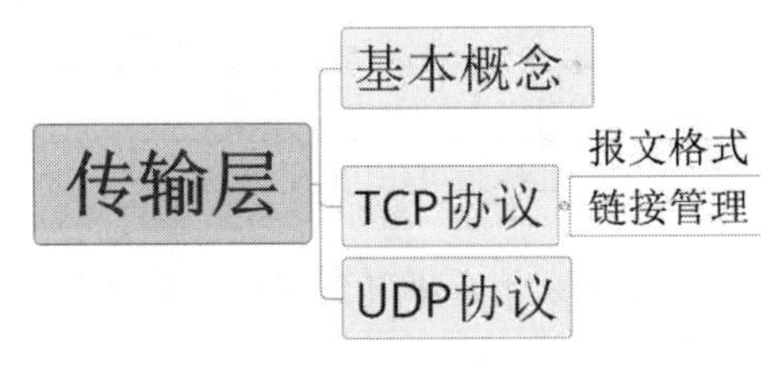

图6-1　传输层知识体系图谱

知识点：基本概念

知识点综述

传输层的基本协议主要是TCP和UDP，因此本知识点主要考查TCP与UDP中的基本概念，如TCP报文格式，TCP的特点等。由于UDP在考试中很少考到，所以要重点掌握TCP的基本概念和特点。本知识点的体系图谱如图6-2所示。

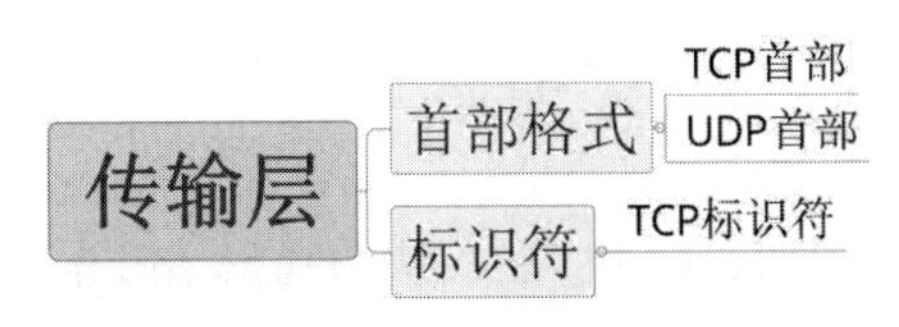

图6-2　基本概念知识体系图谱

参考题型

【考核方式】考核传输层协议的基本概念。

- 在 TCP 首部中，用于端到端流量控制的字段是__（1）__。

（1）A．SYN　　B．端口号　　C．窗口大小　　D．紧急指针

■ **试题分析** 窗口大小（Window Size）：该字段长度为 16 位。因此序号范围为[0,2^{16}–1]。该字段用来进行流量控制，单位为字节，是作为接收方让发送方设置其发送窗口的依据。这个值是本机期望下一次接收的字节数。

TCP 报文首部格式具体如图 6-3 所示。

<table>
<tr><td colspan="8">源端口（16）</td><td>目的端口（16）</td></tr>
<tr><td colspan="9">序列号（32）</td></tr>
<tr><td colspan="9">确认号（32）</td></tr>
<tr><td>报头长度（4）</td><td>保留（6）</td><td>URG</td><td>ACK</td><td>PSH</td><td>RST</td><td>YSN</td><td>FIN</td><td>窗口（16）</td></tr>
<tr><td colspan="8">校验和（16）</td><td>紧急指针（16）</td></tr>
<tr><td colspan="8">选项（长度可变）</td><td>填充</td></tr>
<tr><td colspan="9">TCP 报文的数据部分（可变）</td></tr>
</table>

图 6-3　TCP 报文结构

更详细的首部字段解释等内容参见朱小平老师编著的《网络管理员 5 天修炼》一书。

■ **参考答案** （1）C

知识点：TCP 三次握手

知识点综述

TCP 协议中的三次握手是网络管理员考试中的考查重点，对于握手的过程必须要详细了解。本知识点体系图谱如图 6-4 所示。

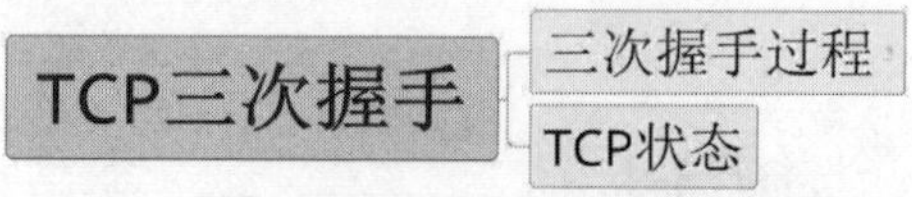

TCP三次握手
三次握手过程
TCP状态

图 6-4　TCP 三次握手知识体系图谱

参考题型

- 当一个 TCP 连接处于___（1）___状态时等待应用程序关闭端口。

（1）A．CLOSED　　B．ESTABLISHED

C．CLOSE-WAIT　　D．LAST-ACK

■ **试题分析** TCP 会话通过**三次握手**来建立连接。三次握手的目标是使数据段的发送和接收同步。同时也向其他主机表明其一次可接收的数据量（窗口大小），并建立逻辑连接。这三次握手的过程可以简述如下：

双方通信之前均处于 **CLOSED** 状态。

第一次握手

源主机发送一个同步标志位 SYN=1 的 TCP 数据段。此段中同时标明初始序号（Initial Sequence Number，ISN）。ISN 是一个随时间变化的随机值，即 **SYN=1，SEQ=x**。源主机进入 **SYN-SENT** 状态。

第二次握手

目标主机接收到 SYN 包后，发回确认数据报文。该数据报文 ACK=1，同时确认序号字段，表明目标主机期待收到源主机下一个数据段的序号，即 ACK=x+1（表明前一个数据段已收到并且没有错误）。

此外，此段中设置 SYN=1，并包含目标主机的段初始序号 y，即 ACK=1，确认序号 ACK=x+1，SYN=1，自身序号 SEQ=y。此时目标主机进入 SYN-RCVD 状态，源主机进入 **ESTABLISHED** 状态。

第三次握手

源主机再回送一个确认数据段，同样带有递增的发送序号和确认序号（**ACK=1，确认序号 ACK=y+1，自身序号 SEQ=x+1**），TCP 会话的三次握手完成。接下来，源主机和目标主机可以互相收发数据。三次握手的过程如图 6-5 所示。

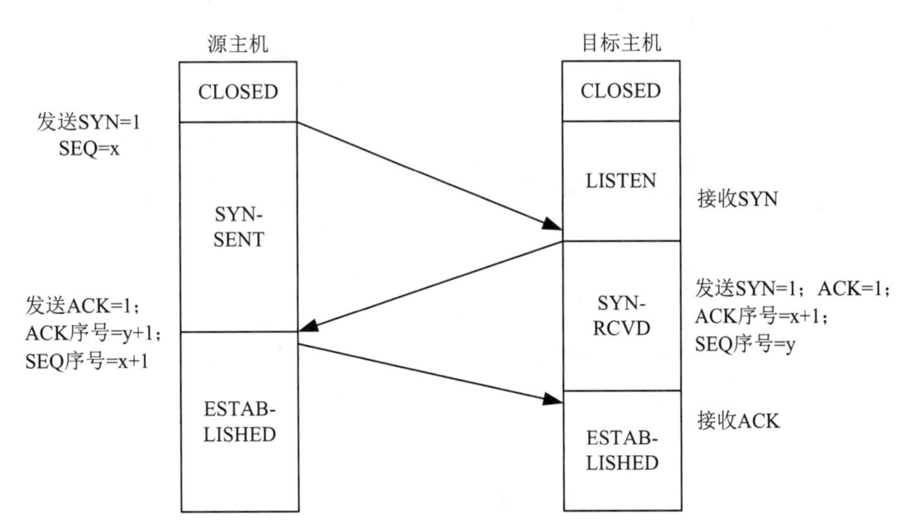

图 6-5　TCP 三次握手过程

图 6-5 表示当 TCP 处于 SYN-SEND 状态时，协议实体已主动发出连接建立请求。

- TCP 释放连接。TCP 释放连接分为四步，具体过程如下：

双方通信之前均处于 **ESTABLISHED** 状态。

第一步

源主机发送一个释放报文（FIN=1，自身序号 SEQ =x），源主机进入 FIN-WAIT 状态。

第二步

目标主机接收报文后，发出确认报文（**ACK=1，确认序号为 ACK=x+1，序号 SEQ =y**），目标主机进入 **CLOSE-WAIT** 状态。这个时候，源主机停止发送数据，但是目标主机仍然可以发送数据，此时 TCP 连接为半关闭状态（**HALF-CLOSE**）。

源主机接收到 ACK 报文后，等待目标主机发出 FIN 报文，这可能会持续一段时间。

第三步

目标主机确定没有数据，向源主机发送后，发出释放报文（FIN=1，ACK=1，确认序号 ACK =x+1，序号 SEQ =z）。目标主机进入 LAST-ACK 状态。

注意：这里由于 TCP 连接处于半关闭状态（HALF-CLOSE），目标主机还会发送一些数据，其序号不一定为 y+1，因此设为 z。而且，目标主机必须重复发送一次确认序号 ACK=x+1。

第四步

源主机接收到释放报文后，对此发送确认报文（**ACK=1，确认序号 ACK=z+1，自身序号 SEQ=x+1**），在等待一段时间确定确认报文到达后，源主机进入 **CLOSED** 状态。

目标主机在接收到确认报文后，也进入 **CLOSED** 状态，如图 6-6 所示。

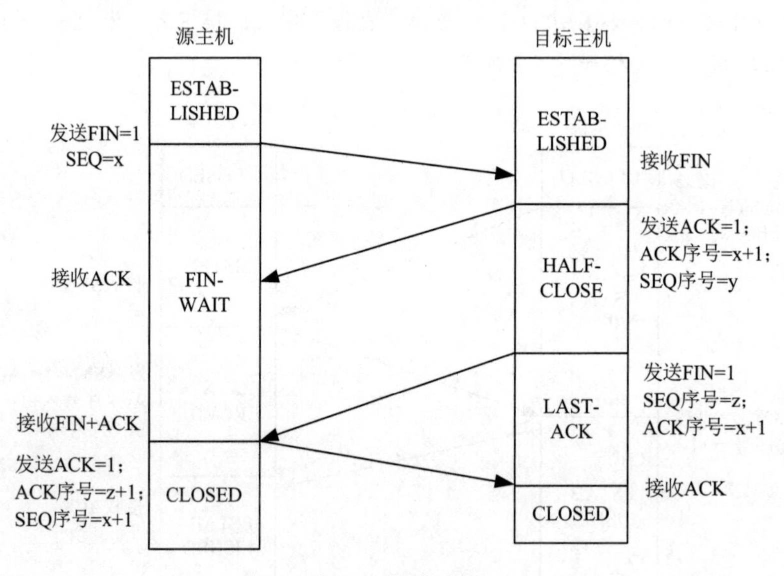

图 6-6　释放连接

■ **参考答案**　（1）C

● 管理员在网络中捕获如下数据包，说法错误的是___（2）___。

Source	Destination	Protocol	Info
10.0.12.1	10.0.12.2	TCP	50190>telnet [SYS] Seq=0 Win=8192 Len=0 MSS=1460
10.0.12.2	10.0.12.1	TCP	telnet >50190 [SYS,ACK] Seq=0 ACK=1 Win=8192 Len=0 MSS=1460
10.0.12.1	10.0.12.2	TCP	50190>telnet [ACK] Seq=1 Win=8192 Len=0

（2）A．三个数据包表示 TCP 的三次握手

B．Telnet 的服务器地址是 10.0.12.1，Telnet 客户端的地址是 10.0.12.2

C．这三个数据包都不包含应用数据

D．Telnet 客户端使用 50190 端口与服务器建立连接

■ **试题分析** 从截图中可以看到，所捕获的数据包是一次 Telnet 通信建立 TCP 连接的数据。由第一行中的 50190>Telnet 可知，这是 Telnet 客户端使用 50190 端口与服务器 10.0.12.2 这个地址的 Telnet 端口发送数据，但是 Len=0，也就是没有具体数据，但是 SYS=1，说明是建立连接的请求。所以可以断定 Telnet 客户端的地址是 10.0.12.1，Telnet 的服务器地址是 10.0.12.2。第二行可以看出是服务器回应客户端的数据包，Len=0，也就是没有数据，但是 ACK=1，SYS=1，说明是连接请求的确认，属于第二次握手。第 3 行是 ACK=1，Len=0 是第三次握手。

■ **参考答案** （2）B

知识点：UDP 协议

知识点综述

UDP 协议是传输层中的无连接的协议。相对于 TCP 协议而言，其本身要精简不少，执行效率相对较高。本知识点主要考核 UDP 协议的基本特性，且考查较少，其知识点体系图谱如图 6-7 所示。

UDP协议 — 基本概念

图 6-7　UDP 协议知识体系图谱

参考题型

【考核方式】 考核 UDP 协议的基本特性。

● SNMP 在传输层所采用的协议是___（1）___。

（1）A．UDP　　B．ICMP　　C．TCP　　D．IP

■ **试题分析** UDP 头包含很少的字节，比 TCP 消耗少，它应用于个别应用层协议，包括网络文件系统（Network File System，NFS）、简单网络管理协议（Simple Network Management Protocol，SNMP）、域名系统（DNS）以及简单文件传输系统（Trivial File Transfer Protocol，TFTP）。

■ **参考答案** （1）A

课堂练习

- 下面__（1）__字段的信息出现在 TCP 头部，而不出现在 UDP 头部。

  （1）A．目标端口号　　B．顺序号　　C．源端口号　　D．校检和

- TCP 协议使用__（2）__次握手机制建立连接，当请求方发出 SYN 连接请求后，等待对方回答__（3）__，这样可以防止建立错误的连接。

  （2）A．一　　B．二　　C．三　　D．四

  （3）A．SYN，ACK　　B．FIN，ACK　　C．PSH，ACK　　D．RST，ACK

- 在 TCP 首部中，用于端到端流量控制的字段是__（4）__。

  （4）A．SYN　　B．端口号　　C．窗口大小　　D．紧急指针

试题分析

试题 1 分析：传输控制协议（TCP）是一种可靠的、面向连接的字节流服务。源主机在传送数据前，需要先和目标主机建立连接。然后，在此连接上，被编号的数据段按序收发。同时，要求对每个数据段进行确认，保证了可靠性。

TCP 的三种机制：TCP 是建立在无连接的 IP 基础之上，因此使用了 3 种机制实现面向连接的服务。

- 使用序号对数据报进行标记。这种方式便于 TCP 接收服务在向高层传递数据之前调整失序的数据包。
- TCP 使用确认、校验和定时器系统提供可靠性。当接收者按照顺序识别出数据报未能到达或者发生错误时，接收者将通知发送者；或者接收者在特定时间没有发送确认信息，那么发送者就会认为发送的数据报并没有到达接收方。这时发送者就会考虑重传数据。
- TCP 使用窗口机制调整数据流量。窗口机制可以减少因接收方缓冲区满而造成丢失数据报文的可能性。

而 UDP 是一种无连接的协议，不需要使用顺序号。

■ **参考答案** （1）B

试题 2、3 分析：TCP 协议是一种可靠的、面向连接的协议，通信双方使用三次握手机制来建立连接。当一方收到对方的连接请求时，回答一个同意连接的报文，这两个报文中的 SYN=1，并且返回的报文当中还有一个 ACK=1 的信息，表示是一个确认报文。

■ **参考答案**（2）C　（3）A

试题4分析：TCP首部的各种字段在TCP的工作过程中均有重要的意义，考试中也经常考到。复习中需要掌握以下常见字段的作用。

- 源端口（Source Port）和目的端口（Destination Port）。该字段长度均为16位。TCP协议通过使用端口来标识源端和目标端的应用进程，端口号取值范围为0～65535。
- 序列号（Sequence Number）。该字段长度为32位。因此序号范围为$[0,2^{32}-1]$。序号值是进行mod 2^{32}运算的值，即序号值为最大值$2^{32}-1$后，下一个序号又回到0。
- 确认号（Acknowledgement Number）。该字段长度为32位。期望收到对方下一个报文段的第一个数据字段的序号。
- 报头长度（Header Length）。报头长度又称为数据偏移字段，长度为4位，单位32位。没有任何选项字段的TCP头部长度为20字节，最多可以有60字节的TCP头部。
- 保留字段（Reserved）。该字段长度为6位，通常设置为0。
- 标记（Flag）。该字段包含的字段有：紧急（URG）——紧急有效，需要尽快传送；确认（ACK）——建立连接后的报文回应，ACK设置为1；推送（PSH）——接收方应该尽快将这个报文段交给上层协议，无须等缓存满；复位（RST）——重新连接；同步（SYN）——发起连接；终止（FIN）——释放连接。
- 窗口大小（Window Size）。该字段长度为16位。因此序号范围为$[0,2^{16}-1]$。该字段用来进行流量控制，单位为字节，是作为接收方让发送方设置其发送窗口的依据。这个值是本机期望下一次接收的字节数。
- 校验和（Checksum）。该字段长度为16位，对整个TCP报文段（即TCP头部和TCP数据）进行校验和计算，并由目标端进行验证。
- 紧急指针（Urgent Pointer）。该字段长度为16位。它是一个偏移量，和序号字段中的值相加表示紧急数据最后一个字节的序号。
- 选项（Option）。该字段长度可变到40字节。可能包括窗口扩大因子、时间戳等选项。为保证报头长度是32位的倍数，因此还需要填充0。

■ **参考答案**（4）C

第7章 应用层

知识点图谱与考点分析

应用层涉及的概念比较多，都是属于识记类型的。在考试中涉及到应用层的服务主要有WWW、文件传输协议（File Transfer Protocol，FTP）、域名系统（Domain Name System，DNS）、动态主机配置协议（Dynamic Host Configuration，DHCP）、E-mail等。其中DNS和DHCP考查得最多。本章的知识体系图谱如图7-1所示。

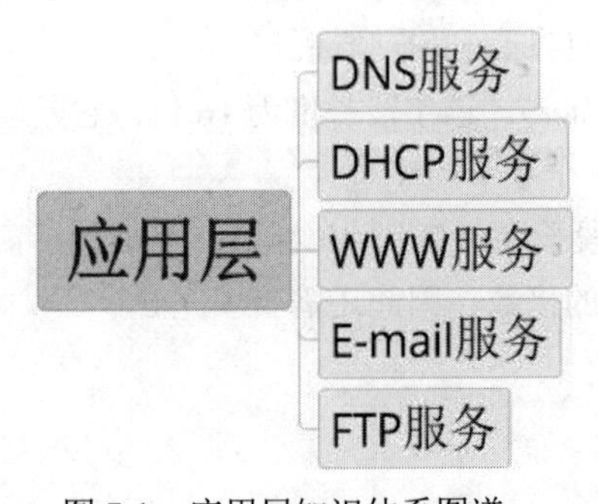

图7-1 应用层知识体系图谱

知识点：DNS服务

知识点综述

DNS服务是整个Internet服务的基础。所有基于域名服务的应用都需要有DNS服务的支持才能正常地工作，因此考试也将DNS服务作为重点内容。DNS服务的知识体系图谱如图7-2所示。

图7-2 DNS服务知识体系图谱

参考题型

【考核方式1】考核考生对DNS服务器的类型的了解。

- 以下关于DNS服务器的叙述中，错误的是＿（1）＿。

（1）A．用户只能使用本网段内DNS服务器进行域名解析

B．主域名服务器负责维护这个区域的所有域名信息

C．辅助域名服务器作为主域名服务器的备份服务器提供域名解析服务

D．转发域名服务器负责非本地域名的查询

■ 试题分析 中继方式使得跨网段使用DNS服务器进行域名解析成为可能。

■ 参考答案 （1）A

- 以下域名服务器中，没有域名数据库的是＿（2）＿。

（2）A．缓存域名服务器　　B．主域名服务器

C．辅域名服务器　　D．转发域名服务器

■ 试题分析 按域名服务器的作用可以分为：主域名服务器、辅域名服务器、缓存域名服务器、转发域名服务器。具体功能见表7-1。

表7-1 按作用划分的域名服务器

名称	定义	作用
主域名服务器	维护区内所有的域名信息，信息存于磁盘文件、数据库中	提供本区域名解析，是区内域名信息的权威。**具有域名数据库。一个域有且只有一个主域名服务器**

续表

名称	定义	作用
辅域名服务器	主域名服务器的备份服务器提供域名解析服务，信息存于磁盘文件、数据库中	主域名服务器的备份，可进行域名解析的负载均衡。**具有域名数据库**
缓存域名服务器	向其他域名服务器进行域名查询，将查询结果保存在缓存中的域名服务器	改善网络中 DNS 服务器的性能，减少反复查询相同域名的时间，提高解析速度，节约出口带宽。**获取的解析结果耗时最短，没有域名数据库**
转发域名服务器	负责**非本地和缓存中**无法查到的域名。接收域名查询请求，首先查询自身缓存，如果找不到对应的域名，则转发到指定的域名器查询	负责域名转发，由于转发域名服务器同样可以有缓存，因此可以减少流量和查询次数。**具有域名数据库**

■ **参考答案** （2）A

【考核方式 2】DNS 的查询过程。

● DNS 服务器进行域名解析时，若采用递归方法，发送的域名请求为__（1）__。

（1）A．1 条　　B．2 条　　C．3 条　　D．多条

■ **试题分析** 递归查询是最主要的域名查询方式。主机有域名解析的需求时，首先查询本地域名服务器，成功则由本地域名服务器反馈结果；如果失败，则查询上一级的域名服务器，然后由上一级的域名服务器完成查询。图 7-3 是一个递归查询，表示主机 123.abc.com 要查询域名为 www.itct.com.cn 的 IP 地址。

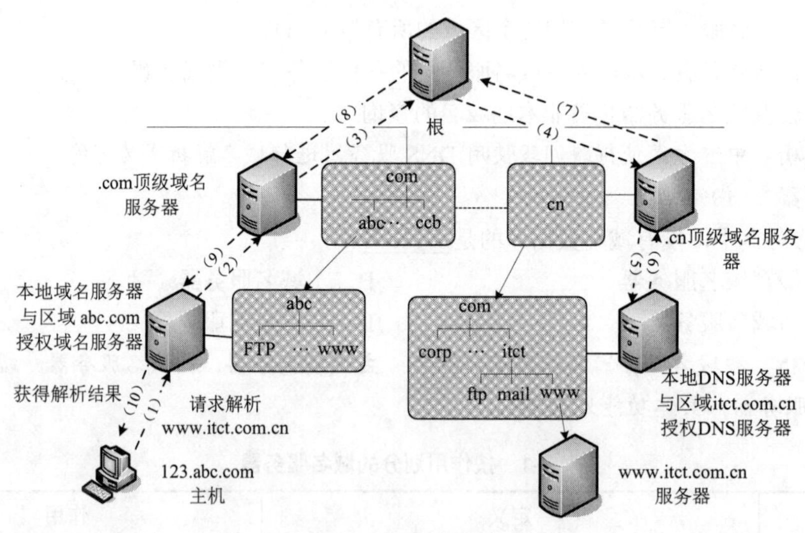

图 7-3　DNS 查询过程

递归域名查询过程中，如果查询不成功，交给上级 DNS 查询；如果成功，则反馈结果。某 DNS 服务器进行域名解析时，若采用递归方法，发送的域名请求为 1 条。

■ 参考答案 （3）A

【考核方式3】考核DNS的记录类型和域名的类别。

● 若DNS资源记录中的记录类型（Record-type）为A，则记录的值为__（1）__。

（1）A. 名字服务器 B. 主机描述
C. IP地址 D. 别名

■ 试题分析 DNS中的记录类型多种多样，考试中常用到，因此需要特别留意。常见的资源记录见表7-2。

表7-2 常见资源记录

资源记录名称	作用
A	将DNS域名映射到IPv4的32位地址中
AAAA	将DNS域名映射到IPv4的128位地址中
CNAME	规范名资源记录。允许将多个名称对应同一主机
MX	邮件交换器资源记录。其后数字首选参数值（0～65535），指明与其他邮件交换服务器有关的邮件交换服务器的优先级。较低的数值被授予较高的优先级
NS	域名服务器记录，指明该域名由哪台服务器来解析
PTR	指针，用于将一个IP地址映射为一个主机名

■ 参考答案 （1）C

● 在域名系统中，根域下面是顶级域（TLD）。在下面的选项中，__（2）__属于全世界通用的顶级域。

（2）A. org B. cn C. Microsoft D. mil

■ 试题分析 顶级域名（Top Level Domain，TLD）在根域名下，分为三大类：国家顶级域名、通用顶级域名、国际顶级域名。最常用的域名见表7-3。

表7-3 最常用的域名

域名名称	作用
.com	商业机构
.edu	教育机构
.gov	政府部门
.int	国际组织
.mil	美国军事部门
.net	网络组织，例如因特网服务商和维修商，现在任何人都可以注册
.org	各类组织机构（包括非盈利组织）
.biz	商业

续表

域名名称	作用
.info	网络信息服务组织
.pro	用于会计、律师和医生
.name	用于个人
.museum	用于博物馆
.coop	用于商业合作团体
.aero	用于航空工业
国家代码	国家（如 cn 代表中国）

■ **参考答案** （2）A

知识点：FTP 服务

知识点综述

FTP 服务是 Internet 中的一种常用服务，其工作方式比较特别，服务分别通过命令端口传输命令和数据端口建立数据传输连接。本知识点体系图谱如图 7-4 所示。

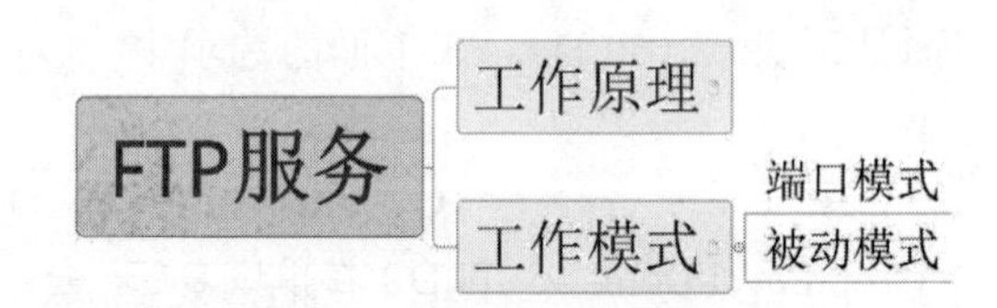

图 7-4　FTP 服务知识体系图谱

参考题型

【考核方式】考核对 FTP 的端口的掌握。

- FTP 客户上传文件时，通过服务器 20 端口建立的连接是__（1）__，FTP 客户端应用进程的端口可以为__（2）__。

（1）A．建立在 TCP 之上的控制连接　　B．建立在 TCP 之上的数据连接
　　C．建立在 UDP 之上的控制连接　　D．建立在 UDP 之上的数据连接

（2）A．20　　B．21　　C．80　　D．4155

■ **试题分析**　FTP 客户上传文件时，通过服务器 **20 号端口**建立的连接是建立在 TCP 之上的**数据连接**，通过服务器 **21 号端口**建立的连接是建立在 TCP 之上的**控制连接**。

客户端命令端口为N，数据传输端口为N+1（N≥1024）。

■ 参考答案 （1）B （2）D

- 匿名FTP访问通常用___（3）___作为用户名。

（3）A．guest B．IP地址 C．Administrator D．Anonymous

■ 试题分析 Anonymous就是匿名账户，是使用非常广泛的一种登录形式。对于没有FTP账户的用户，可以用Anonymous为用户名，任意字符（通常是自己的电子邮件地址）为密码进行登录。当匿名用户登录FTP服务器后，其登录目录为匿名FTP服务器的根目录/var/ftp。在实际的服务器中，出于安全和负载压力的考虑，往往禁用匿名账户。

■ 参考答案 （3）D

知识点：DHCP服务

知识点综述

DHCP服务在网络中也是常用的服务之一，主要为用户自动配置IP协议参数。因此在网络管理员考试中，DHCP协议的工作过程、租约的管理等是考查比较多的内容。本知识点的体系图谱如图7-5所示。

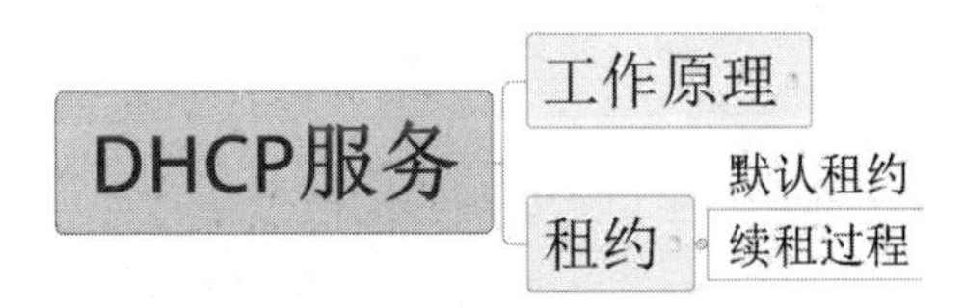

图7-5 DHCP服务知识体系图谱

参考题型

【考核方式】主要考查DHCP的工作过程和租约的问题。

- 可以把所有使用DHCP协议获取IP地址的主机划分为不同的类别进行管理。下面的选项列出了划分类别的原则，其中合理的是___（1）___。

（1）A．移动用户划分到租约期较长的类
B．固定用户划分到租约期较短的类
C．远程访问用户划分到默认路由类
D．服务器划分到租约期最短的类

■ 试题分析 在使用DHCP分配IP地址时，通常有以下一些基本规则。临时的用户或者移动用户设置的租约期应该比较短，以便IP地址池的地址能提高利用效率。固定用户的租约期可以比较长。远程访问用户划分到默认路由类。服务器要使用固定IP地址。

■ 参考答案 （1）C

- 以下关于 DHCP 协议的描述中，错误的是＿（2）＿。

（2）A．DHCP 客户机可以从外网段获取 IP 地址

B．DHCP 客户机只能收到一个 dhcpoffer

C．DHCP 不会同时租借相同的 IP 地址给两台主机

D．DHCP 分配的 IP 地址默认租约期为 8 天

■ 试题分析 DHCP 通过中继代理的方式可以获取外网 IP 地址，DHCP 不会同时租借相同的 IP 地址给两台主机。在一个网络中可以存在有两个以上的 DHCP 服务器，则 DHCP 客户端发出 DHCP discover 请求之后，可以收到多个 DHCP 的 dhcpoffer 报文，但是 DHCP 客户端只会选择最早到达的报文进行处理。DHCP 分配的 IP 地址默认租约期为 8 天。

■ 参考答案 （2）B

- DHCP 动态分配 IP 地址的租期为 8 小时，客户端会在获得 IP 地址＿（3）＿小时后发送续约报文。

（3）A．2　　B．4　　C．6　　D．8

■ 试题分析 DHCP 服务器向 DHCP 客户机出租的 IP 地址一般都有一个租借期限，期满后，DHCP 服务器便会收回出租的 IP 地址。如果 DHCP 客户机要延长其 IP 租约，则必须更新其 IP 租约。DHCP 客户机启动及 IP 租约期限过一半时，DHCP 客户机会自动向 DHCP 服务器发送更新其 IP 租约的信息。因此租约为 8 小时，则客户端会在 8/2=4 小时后发送续约报文。

■ 参考答案 （3）B

- 为释放来自 DHCP 分配的 IP 地址，主机需要使用的命令是＿（4）＿。

（4）A．dhcp/renew　　B．dhcp/release

C．ipconfig/release　　D．ipconfig/renew

■ 试题分析 ipconfig 是 Windows 网络中最常使用的命令，可以用于控制主机 DHCP 协议的工作和显示计算机中网络适配器的 IP 地址、子网掩码及默认网关等信息。这仅是 ipconfig 不带参数的用法，在网络管理员考试中主要考查的是带参数用法的题，尤其是下面讨论到的基本参数，必须熟练掌握。

命令基本格式：

ipconfig [**/all** | **/renew** [*adapter*] | **/release** [*adapter*] | **/flushdns** | **/displaydns** | **/registerdns** |]

具体参数解释见表 7-3。

在 Windows 中可以选择“开始”→“运行”命令并输入命令提示符（Command，CMD），进入 Windows 的命令解释器，然后输入各种 Windows 提供的命令；也可以执行“开始”→“运行”命令，直接输入相关命令。在实际应用中，为了完成一项工作往往会连续输入多个命令，最好直接进入命令解释器界面。

表 7-3 ipconfig 基本参数表

参数	参数作用	备注
/all	显示所有网络适配器的完整 TCP/IP 配置信息	尤其是查看 MAC 地址信息，DNS 服务器等配置
/release adapter	释放全部（或指定）适配器的、由 DHCP 分配的动态 IP 地址，仅用于 DHCP 环境	DHCP 环境中释放的 IP 地址
/renew adapter	为全部（或指定）适配器重新分配 IP 地址。常与 release 结合使用	DHCP 环境中续借的 IP 地址
/flushdns	清除本机的 DNS 解析缓存	
/registerdns	刷新所有 DHCP 的租期和重注册 DNS 名	DHCP 环境中注册的 DNS
/displaydns	显示本机的 DNS 解析缓存	

常见的命令显示效果如下图所示。

```
Ethernet adapter 无线网络连接:

        Connection-specific DNS Suffix  . :
        Description . . . . . . . . . . . : Intel(R) Wireless WiFi Link
4965AG
        Physical Address. . . . . . . . . : 00-1F-3B-CD-29-DD
        Dhcp Enabled. . . . . . . . . . . : Yes
        Autoconfiguration Enabled . . . . : Yes
        IP Address. . . . . . . . . . . . : 192.168.0.235
        Subnet Mask . . . . . . . . . . . : 255.255.255.0
        Default Gateway . . . . . . . . . : 192.168.0.1
        DHCP Server . . . . . . . . . . . : 192.168.0.1
        DNS Servers . . . . . . . . . . . : 202.103.96.112
                                            211.136.17.108
        Lease Obtained. . . . . . . . . . : 20xx年10月6日 10:59:50
        Lease Expires . . . . . . . . . . : 20xx年10月6日 11:29:50
```

从此命令中不仅可以知道本机的 IP 地址、子网掩码和默认网关，还可以看到系统提供的 DHCP 服务器地址和 DNS 服务器地址。从图中最后两项还可以看到 DHCP 服务器设置的租期是半个小时。

■ **参考答案** （4）B

知识点：E-mail 服务

知识点综述

电子邮件服务中，最主要的两个协议是简单邮件传输协议（Simple Mail Transfer Protocol，SMTP）和邮局协议版本 3（Post Office Protocol-Vesion 3，POP3），其中 SMTP 用于发送电子邮件，POP3 用于接收电子邮件。本章需要重点了解这两个协议的作用、端口和工作模式。本知识点体系图谱如图 7-6 所示。

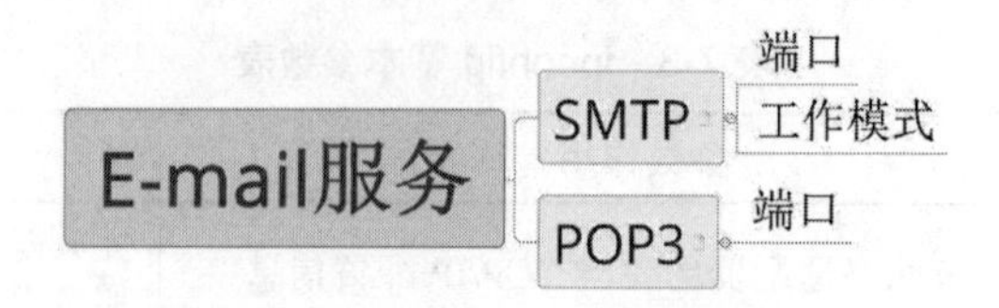

图 7-6　E-mail 服务知识体系图谱

参考题型

【考核方式】主要考查 E-mail 服务的基本模式，常用协议及端口号。

- POP3 协议采用 (1) 模式，当客户机需要服务时，客户端软件（Outlook Express 或 FoxMail）与 POP3 服务器建立 (2) 连接。

（1）A．Browser/Server　　B．Client/Server
　　C．Peer to Peer　　D．Peer to Server

（2）A．TCP　　B．UDP　　C．PHP　　D．IP

■ 试题分析　邮局协议（POP）目前的版本为 POP3，POP3 是把邮件从邮件服务器中传输到本地计算机的协议。该协议工作在 TCP 协议的 110 号端口。由于使用了客户端软件，可以看作 C/S 模式。值得注意的是，目前还有一个邮件访问协议（Internet Mail Access Protocol，IMAP）也可以用于接收电子邮件，工作端口是 143。

■ 参考答案　（1）B　（2）A

- SMTP 服务器端使用的端口号默认为 (3) 。

（3）A．21　　B．25　　C．53　　D．80

■ 试题分析　SMTP 服务器端使用的端口号默认为 25。

■ 参考答案　（3）B

3．在邮件客户端上添加 Myname@163.com 账号，设置界面如图所示。在①处应填写 (4) ，在②处应填写 (5) 。

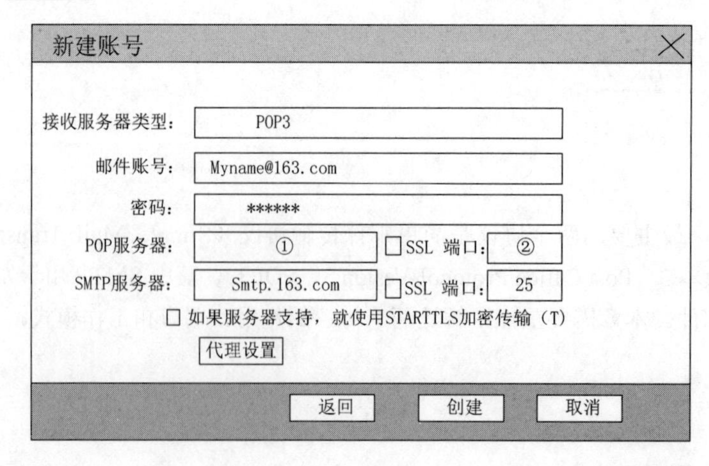

（4）A．pop.163.com　　B．pop3.qq.com　　C．pop.qq.com　　D．pop3.163.com

（5）A．20　　B．110　　C．80　　D．23

■ **试题分析** 通过图中的SMTP配置的服务器名称可知，同一个邮件服务器的收件服务器和发送服务器的域名应该是一致的。因此POP服务器域名是163.com。前面的主机名其实可以是POP3也可以是POP，根据图中的信息，在两个都有的情形下，首选POP3。POP3协议使用的默认端口是110。

■ **参考答案** （4）D　（5）B

知识点：Web服务

知识点综述

网络管理员的考试中，比较侧重Web服务器的相关知识，因此对于Web服务的基本概念、工作协议、工作过程都要有所了解。本知识点的体系图谱如图7-7所示。

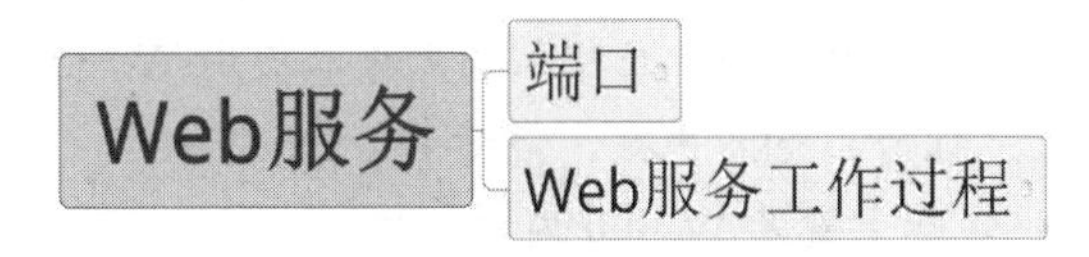

图7-7　Web服务知识体系图谱

参考题型

【考核方式】主要考查HTTP的工作过程、端口等。

● 下面是HTTP的一次请求过程，正确的顺序是__（1）__。

①浏览器向DNS服务器发出域名解析请求并获得结果

②在浏览器中输入URL，并按下回车键

③服务器将网页数据发送给浏览器

④根据目的IP地址和端口号，与服务器建立TCP连接

⑤浏览器向服务器发送数据请求

⑥浏览器解析收到的数据并显示

⑦通信完成，断开TCP连接

（1）A．②①④⑤③⑦⑥　　B．②①⑤④③⑦⑥

C．②⑤④①③⑥⑦　　D．②①④③⑤⑦⑥

■ **试题分析** 在HTTP的一次请求过程中，从用户发出请求开始，首先得查找对应的IP地址，然后HTTP调用TCP建立连接，双方通信，最终释放连接。至少前几个步骤应该是②①④⑤③，

因此选A选项。

■ 参考答案 （1）A

- HTTP协议中，用于读取一个网页的操作方法为__（2）__。

（2）A．READ　　B．GET　　C．HEAD　　D．POST

■ 试题分析 HTTP协议中的基本操作有以下几种：

- GET：读取网页。
- HEAD：读取网页头。
- POST：推送网页信息。

■ 参考答案 （2）B

- 浏览器的种类繁多，目前国内电脑端浏览器往往采用双内核架构，这些浏览器在兼容模式下采用的内核是__（3）__。

（3）A．IE内核　　B．Webkit内核　　C．Blink内核　　D．Gecko内核

■ 试题分析 目前国内电脑端浏览器往往采用双内核架构，主要的浏览器及其所使用的内核如下：

1）IE浏览器内核：称为Trident内核，即俗称的IE内核。

2）Chrome浏览器内核：称为Chrome内核，早期版本使用Webkit内核，现在是Blink内核。

3）Firefox浏览器内核：称为Gecko内核，俗称Firefox内核。

4）Safari浏览器内核：实际上就是Webkit内核。

5）360浏览器、猎豹浏览器内核：Trident和Chrome双内核。

6）搜狗、傲游、QQ浏览器内核：Trident（兼容模式）和Webkit（高速模式）双内核。

7）2345浏览器内核：使用Trident和Chrome双内核。

因此大部分国内的电脑端浏览器在兼容模式下使用的就是Trident内核，即俗称的IE内核，因此本题选A。

■ 参考答案 （3）A

知识点：SNMP

知识点综述

网络管理员的考试中必考的一个知识点就是SNMP协议，作为网络管理员，一定要会使用网络管理软件，通过SNMP协议对网络设备进行管理，因此考试对SNMP协议的基本概念、网络管理系统的组成、SNMP协议的三个不同版本的特点都有相应的要求。考生在复习本知识点时，重点要掌握这几个要求。本知识点的体系图谱如图7-7所示。

图 7-8 SNMP 知识体系图谱

参考题型

【考核方式 1】考核 SNMP 的消息类型。

- SNMP 是简单的网络管理协议，只包含有限的管理命令和响应，__(1)__能使代理自发地向管理者发送事件信息。

  （1）A. Get　　B. Set　　C. Trap　　D. CMD

  ■ **试题分析** SNMP 的管理命令和响应比较简单，主要有 5 种协议数据单元（Protocol Data Unit，PDU）来实现。具体如下表所示：

从管理站到代理的 SNMP 报文		从代理到管理站的 SNMP 报文
从一个数据项取数据	把值存储到一个数据项	
Get-Request（从代理进程处提取一个或多个数据项）	Set-Request（设置代理进程的一个或多个数据项）	Get-Response（这个操作是代理进程作为对 Get-Request、Get-Next-Request 的响应）
Get-Next-Request（从代理进程处提取一个或多个数据项的下一个数据项）		Trap（代理进程主动发出的报文，通知管理进程有某些事件发生）

显然，只有 Trap 报文可以使代理主动地向管理者发送事件信息。

■ **参考答案** （1）C

- 网络管理协议 SNMP 中，管理站设置被管对象属性参数的命令为__(2)__。

  （2）A. Get　　B. Get next　　C. Set　　D. Trap

  ■ **试题分析** Get 命令用于管理站向被管对象读取相关属性参数，而 Set 选项可以设置被管对象属性参数。

  ■ **参考答案** （2）C

- 工作在 UDP 协议之上的协议是__(3)__。

  （3）A. HTTP　　B. Telnet　　C. SNMP　　D. SMTP

  ■ **试题分析** SNMP 是一个应用层协议，是基于 UDP 协议的。它的 2 个端口分别是 161 和 162。

  ■ **参考答案** （3）C

- 在 Windows 中关于 SNMP 服务的正确说法包括__(4)__。

①在默认情况下，User组有安装SNMP服务的权限

②在“打开或关闭Windows功能”页面中安装SNMP

③SNMP对应的服务是SNMP Service

④第一次配置SNMP需要添加社区项

A．②③④　　B．①②④　　C．①②③　　D．①③④

■ **试题分析** 在Windows服务器上安装服务组件时，需要具有管理员权限。默认情况下，User用户组不具备系统管理员的相应权限，因此无法进行系统服务的安装。

■ **参考答案** （4）A

【考核方式2】考核SNMP三个版本之间的区别。

- 关于SNMP协议，下面的论述中正确的是___（1）___。

（1）A．SNMPv1采用基于团体名的身份认证方式

B．SNMPv2采用了安全机制

C．SNMPv2不支持管理器之间的通信功能

D．SNMPv3不支持安全机制和访问控制规则

■ **试题分析** 目前SNMP有SNMPv1、SNMPv2、SNMPv3三个版本。各版本的不同之处见表7-4。

表7-4　各版本SNMP的不同

版本	特点
SNMPv1	易于实现、**使用团体名认证**（属于同一团体的管理站和被管理站才能互相作用）
SNMPv2	可以实现**分布和集中**两种方式的管理；**增加管理站之间的信息交换**；改进管理信息机构（可以高效获取大量数据的GetBulk操作，可收到响应报文的Inform操作）；增加多协议支持；引入了信息模块的概念（**模块有MIB模块、MIB的依从性声明模块、代理能力说明模块**）
SNMPv3	模块化设计，提供安全的支持，**基于用户的安全模型**

考试中常考的知识点是三个版本协议之间的差异，尤其是安全性方面的差异。

■ **参考答案** （1）A

课堂练习

- 在进行域名解析过程中，由___（1）___获取的解析结果耗时最短。

（1）A．主域名服务器　　B．辅域名服务器

C．缓存域名服务器　　D．转发域名服务器

- DNS服务器在名称解析过程中正确的查询顺序为___（2）___。

（2）A．本地缓存记录→区域记录→转发域名服务器→根域名服务器

B．区域记录→本地缓存记录→转发域名服务器→根域名服务器

C．本地缓存记录→区域记录→根域名服务器→转发域名服务器

D．区域记录→本地缓存记录→根域名服务器→转发域名服务器

- DNS 服务器中提供了多种资源记录，其中＿（3）＿定义了区域的邮件服务器及其优先级。

（3）A．SOA　　B．NS　　C．PTR　　D．MX

- DNS 服务器中提供了多种资源记录，其中＿（4）＿定义了区域的授权服务器。

（4）A．SOA　　B．NS　　C．PTR　　D．MX

- FTP 默认的控制连接端口是＿（5）＿。

（5）A．20　　B．21　　C．23　　D．25

- DHCP 客户端启动时会向网络发出一个 dhcpdiscover 包来请求 IP 地址，其源 IP 地址为＿（6）＿。

（6）A．192.168.0.1　　B．0.0.0.0

C．255.255.255.0　　D．255.255.255.255

- 当使用时间到达租约期的＿（7）＿时，DHCP 客户端和 DHCP 服务器将更新租约。

（7）A．50%　　B．75%　　C．87.5%　　D．100%

- 采用 DHCP 分配 IP 地址无法做到＿（8）＿，当客户机发送 dhcpdiscover 报文时，采用＿（9）＿方式发送。

（8）A．合理分配 IP 地址资源　　B．减少网管员的工作量

C．减少 IP 地址分配出错可能　　D．提高域名解析速度

（9）A．广播　　B．任意播　　C．组播　　D．单播

- 下列不属于电子邮件协议的是＿（10）＿。

（10）A．POP3　　B．SMTP　　C．SNMP　　D．IMAP4

- DNS 反向查询功能的作用是＿（11）＿，资源记录 MX 的作用是＿（12）＿，DNS 资源记录＿（13）＿定义了区域的反向搜索。

（11）A．定义域名服务器的别名　　B．将 IP 地址解析为域名

C．定义域邮件服务器地址和优先级　　D．定义区域的授权服务器

（12）A．定义域名服务器的别名　　B．将 IP 地址解析为域名

C．定义域邮件服务器地址和优先级　　D．定义区域的授权服务器

（13）A．SOA　　B．NS　　C．PTR　　D．MX

试题分析

试题 1 分析：按域名服务器的作用可以分为：主域名服务器、辅域名服务器、缓存域名服务器、转发域名服务器。缓存域名服务器特殊，有高速缓存，因此获取的解析结果耗时最短。

■ 参考答案（1）C

试题 2 分析：DNS 服务器在名称解析过程中正确的查询顺序为：本地缓存记录→区域记录→

转发域名服务器→根域名服务器。

■ 参考答案 （2）A

试题 3 分析：DNS 服务器中常用的记录类型有以下几种：

1）NS 记录：表明是域名服务器的记录。通常情况下不需要设置 NS 记录，因为此时的域名解析是通过 ISP 提供的域名服务器解析的，若用户需要自己用 DNS 服务器来解析自己的域名，则要创建 NS 记录，并且将域名服务器的 IP 地址告诉 ISP 登记即可。

2）A 记录：用于指明一个域名对应的 IP 地址。

3）CNAME 记录：也就是别名记录，可以将多个不同名称指向同一个服务器。在创建别名记录之前，必须要先创建 A 记录。

4）MX 记录：用于指明邮件服务器的 IP 地址。

■ 参考答案 （3）D

试题 4 分析：DNS 记录包括以下几种：

- 资源记录：DNS 数据库包括 DNS 服务器所使用的一个或多个区域文件。每个区域都拥有一组结构化的资源记录。资源记录的格式是：[Domain] [TTL] [class] record-type record-specific-data。
- Domain：资源记录引用的域对象名。它可以是单台主机，也可以是整个域。Domain 字串用"."分隔，只要没有用一个"."标识表示结束，就代表与当前域有关系。
- TTL：生存时间记录字段。它以秒为单位定义该资源记录中的信息存放在高速缓存中的时间长度。通常该字段为空，表示生存周期在授权资源记录开始中指定。
- class：指定网络的地址类。对于 TCP/IP 网络使用 IN。
- record-type：记录类型。标识这是哪一类资源记录。
- record-specific-data：指定与这个资源记录有关的数据。这个值是必要的。数据字段的格式取决于类型字段的内容。

■ 参考答案 （4）B

试题 5 分析：FTP 的默认的控制连接端口是 21，数据端口是 20。

■ 参考答案 （5）B

试题 6 分析：DHCP 客户机启动后，发出一个 dhcpdiscover 消息，其封包的源地址为 0.0.0.0，目标地址为 255.255.255.255。

■ 参考答案 （6）B

试题 7 分析：DHCP 服务器向 DHCP 客户机出租的 IP 地址一般都有一个租借期限，期满后，DHCP 服务器便会收回出租的 IP 地址。如果 DHCP 客户机要延长其 IP 租约，则必须更新其 IP 租约。DHCP 客户机启动或 IP 租约期限过一半时，DHCP 客户机都会自动向 DHCP 服务器发送更新其 IP 租约的信息。

■ 参考答案 （7）A

试题 8、9 分析：DHCP 协议是一个自动给客户机配置 IP 参数的协议，由于客户端自动获取服务器提供的配置参数，因此可以大大减少管理员的工作量。超过租约或者用户释放的IP地址又可以由服务器收回，重新分配给其他主机使用，因此可以更加合理地分配地址资源。同时由于服务器对地址池的管理，可以减少分配地址时出错概率。图7-8为DHCP工作过程。

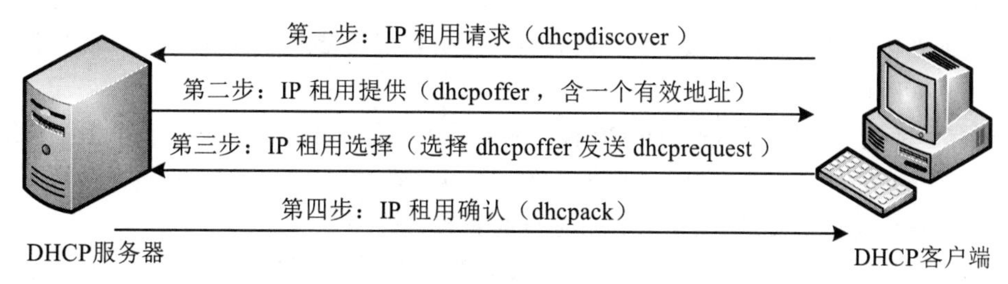

图7-9　DHCP工作过程

第一步：DHCP客户端发送IP租用请求。

DHCP客户机启动后，发出一个dhcpdiscover消息，其封包的源地址为0.0.0.0，目标地址为255.255.255.255。

第二步：DHCP服务器提供IP租用服务。

当DHCP服务器收到dhcpdiscover数据包后，通过UDP端口68给客户机回应一个dhcpoffer信息，其中包含一个还没有被分配的有效IP地址。

第三步：DHCP客户端IP租用选择。

客户机可能从不止一台DHCP服务器收到dhcpoffer信息。客户机选择最先到达的dhcpoffer，并发送dhcprequest消息包。

第四步：DHCP客户端IP租用确认。

DHCP服务器收到dhcprequest消息包后，向客户机发送一个确认（dhcpack）信息，信息中包括IP地址、子网掩码、默认网关、DNS服务器地址以及IP地址的租约（默认为8天）。

第五步：DHCP客户端重新登录。

获取IP地址后的DHCP客户端每次重新联网时，不再发送dhcpdiscover，直接发送包含前次分配地址信息的dhcprequest请求。DHCP服务器收到请求后，如果该地址可用，则返回dhcpack确认；否则，发送dhcpnack信息否认。收到dhcpnack的客户端需要从第一步开始重新申请IP地址。

第六步：更新租约。

DHCP服务器向DHCP客户机出租的IP地址一般都有一个租借期限，期满后，DHCP服务器便会收回出租的IP地址。如果DHCP客户机要延长其IP租约，则必须更新其IP租约。DHCP客户机启动或IP租约期限过一半时，DHCP客户机都会自动向DHCP服务器发送更新其IP租约的信息。若没有得到响应，则在剩余周期再过50%，也就是到整个租约的75%时，再次请求；若没有响应，则继续等待到剩余周期的50%，也就是整个租约的87.5%时，再次请求。因此可知其是以广播的形式发送的。

这里需要注意几个特别的情况：

1）当用户不再需要使用此分配的 IP 地址时，就会主动向 DHCP 服务器发送 dhcprelease 报文，告诉服务器用户不再需要分配 IP 地址，DHCP 服务器会释放被绑定的租约。

2）DHCP 客户端收到 DHCP 服务器回应的 ACK 报文后，通过地址冲突检测发现服务器分配的地址冲突或者由于其他原因导致不可用时，则向服务器发送 dhcpdecline 报文，通知服务器所分配的 IP 地址不可用。

3）还有一种极少用到的情况，DHCP 客户端如果需要从 DHCP 服务器端获取更为详细的配置信息，则发送 dhcpinform 报文向服务器进行请求，服务器收到该报文后，将根据租约进行查找，找到相应的配置信息后，发送 ACK 报文回应 DHCP 客户端。

4）Client 在开机的时候会主动发送 4 次请求信息，第一次等待时间为 1 秒，其余 3 次的等待时间分别是 9、13、16 秒。如果还是没有 DHCP 服务器的响应，则在 5 分钟之后，继续重复这一动作。

■ **参考答案** （8）D （9）A

试题 10 分析：常见的电子邮件协议有：

1）简单邮件传输协议（Simple Mail Transfer Protocol，SMTP）。

SMTP 主要负责底层的邮件系统如何将邮件从一台机器传至另外一台机器。该协议工作在 TCP 协议的 25 号端口。

2）邮局协议（Post Office Protocol，POP）。

目前的版本为 POP3，POP3 是把邮件从邮件服务器中传输到本地计算机的协议。该协议工作在 TCP 协议的 110 号端口。

3）Internet 邮件访问协议（Internet Message Access Protocol，IMAP）。

目前的版本为 IMAP4，是 POP3 的一种替代协议，提供了邮件检索和邮件处理的新功能。用户完全不必下载邮件的正文，就可以看到邮件的标题、摘要；使用邮件客户端软件就可以对服务器上的邮件和文件夹目录等进行操作。IMAP 协议增强了电子邮件的灵活性，同时也减少了垃圾邮件对本地系统的直接危害，同时相对节省了用户查看电子邮件的时间。除此之外，IMAP 协议可以记忆用户在脱机状态下对邮件的操作（如移动邮件、删除邮件等），在下一次打开网络连接的时候会自动执行该操作。该协议工作在 TCP 协议的 143 号端口。

■ **参考答案** （10）C

试题 11、12、13 分析：反向域名解析就是从 IP 地址解析成域名，所以（11）选 B，MX 邮件交换记录，定义域邮件服务器地址和优先级，因此（12）选 C，（13）选 C。

■ **参考答案** （11）B （12）C （13）C

第8章 交换技术原理

知识点图谱与考点分析

交换技术是目前使用最为广泛的局域网技术之一，因此网络管理员考试中对交换技术的原理考查得比较多。主要考点包括交换机的基本工作原理、交换机交换方式、VLAN 等技术原理与配置，生成树协议（Spanning Tree Protocol，STP）只需要了解其基本作用是在交换网络中用于切断物理环路，避免出现网络风暴；是交换网络中为了提高可靠性、避免环路的重要协议；具体分为标准生成树协议、快速生成树协议和多生成树协议三种，复习时掌握这些内容即可，暂时没有更多可提供的练习。本章的知识体系图谱如图 8-1 所示。

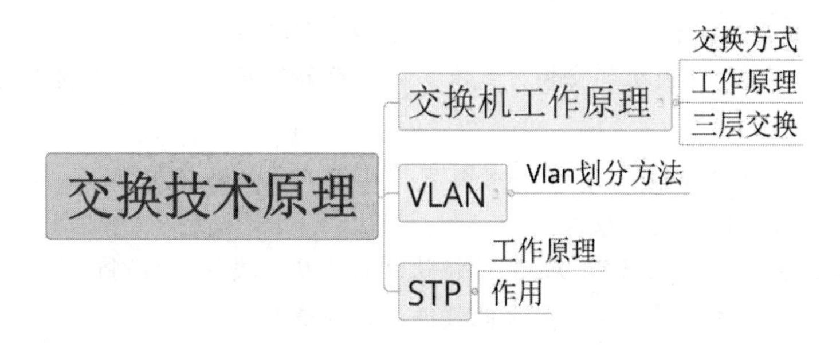

图 8-1　交换技术原理知识体系图谱

知识点：交换机工作原理

知识点综述

交换机基本工作原理主要包括交换过程、交换方式及不同交换方式的特点。本知识点的体系图谱如图 8-2 所示。

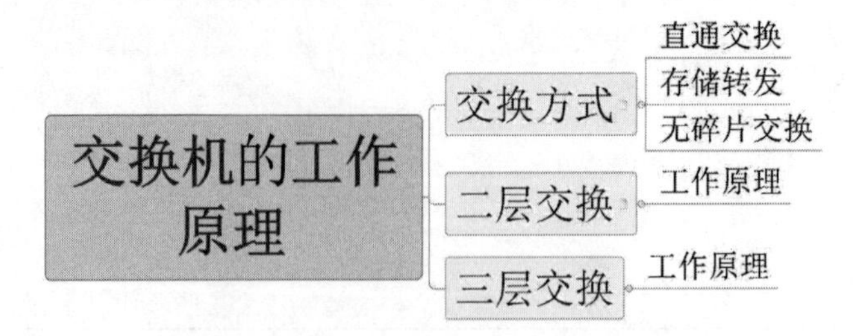

图 8-2 交换机的工作原理知识体系图谱

参考题型

【考核方式 1】考核交换机的工作方式及每种方式的特点。

- 以太网交换机的交换方式有三种，这三种交换方式不包括__（1）__。

（1）A．存储转发交换　　B．IP 交换
C．直通交换　　D．无碎片转发交换

■ **试题分析** 以太网交换机的交换方式有三种：存储转发式交换、直通式交换、无碎片转发交换。

■ **参考答案** （1）B

- 一个以太网交换机读取整个数据帧，对数据帧进行差错校验后再转发出去，这种交换方式称为__（2）__。

（2）A．存储转发交换　　B．直通交换
C．无碎片转发交换　　D．无差错交换

■ **试题分析** 以太网交换机的交换方式有三种：存储转发式交换、直通式交换、无碎片转发交换。

- 直通交换（Cut-Through）：只要信息有目标地址，就可以开始转发。这种方式没有中间错误检查的能力，但转发速度快。
- 存储转发交换（Store-and-Forward）：接收到的信息先缓存，检测正确性。确定正确后才开始转发。这种方式中间节点需要存储数据，时延较大。
- 无碎片转发交换（Fragment Free）：接收到 64 字节之后才开始转发。

■ **参考答案** （2）A

【考核方式 2】考核交换机的工作原理。

- 第三层交换根据__（1）__对数据包进行转发。

（1）A．MAC 地址　　B．IP 地址　　C．端口号　　D．应用协议

■ **试题分析** 第三层属于网络层，第三层交换根据 IP 地址对数据包进行转发。3 层交换机并非是路由器和 2 层交换机的简单物理组合，而是一个严谨的逻辑组合，且 3 层交换机往往不支持 NAT。某源主机发出的数据进行第 3 层交换后，相关信息保存到 MAC 地址与 IP 地址的映射表中。当同源

数据再次交换时，3层交换机则根据映射表直接转发到目标地址所在端口，无须通过路由ARP表。

这种方式简单、高效，相比“路由器+二层交换机”方式，配置更少、硬件空间更小、性能更高、管理更加方便。

■ **参考答案** （1）B

● 交换机中地址转发表是通过__（2）__来建立的。

（2）A．地址学习　　B．手工指定

C．最小代价算法计算　　D．IP地址

■ **试题分析** 本题实际上考查的是二层交换机的基本工作原理，二层交换机工作时主要依赖地址转发表，该表是一个动态变化的表。

二层交换机工作的具体流程如下：

1）交换机的某端口接收到一个数据包后，将源MAC地址与交换机端口对应关系动态存放到MAC地址表中，并不断更新，这个功能也称为交换机的学习功能。MAC地址表存放MAC地址和端口对应关系，一个端口可以有多个MAC地址。

2）读取该数据包头的目的MAC地址，并在交换机地址对应表中查MAC地址表。

3）如果查找成功，则直接将数据转发到结果端口上。

4）如果查找失败，则广播该数据到交换机所有端口上。如果有目的机器回应广播消息，则将该对应关系存入MAC地址表供以后使用。

二层交换机具有识别数据中的MAC地址和转发数据到端口的功能，便于硬件实现。使用ASIC芯片可以实现高速数据查询和转发。

■ **参考答案** （2）A

知识点：VLAN

知识点综述

VLAN技术是整个交换网络中最重要的一个技术，因此VLAN的工作原理、TRUNK技术原理与配置是每年必考的考点。主要掌握VLAN的基本划分方法和IEEE 802.1Q协议的封装。本知识点的体系图谱如图8-3所示。

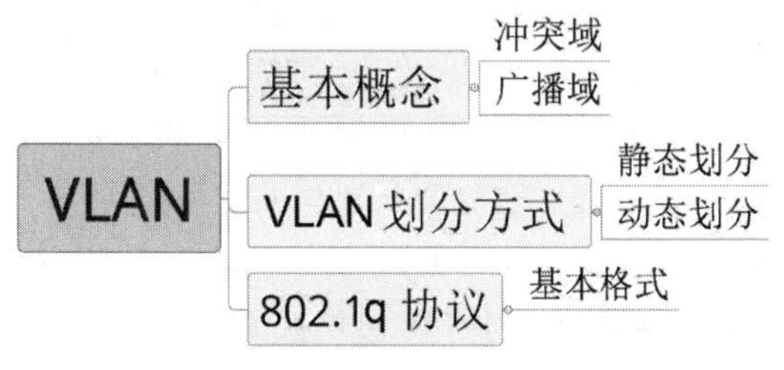

图8-3　VLAN知识体系图谱

参考题型

【考核方式】考核 IEEE 802.1q 协议的基本格式。

● IEEE 802.1q 协议的作用是___(1)___。

(1) A．生成树协议　　B．以太网流量控制
　　C．生成 VLAN 标记　　D．基于端口的认证

■ **试题分析** IEEE 802.1q：俗称 dot1q，由 IEEE 创建。它是一个通用协议，用于不同的厂商的设备之间互联。IEEE 802.1q 所附加的 VLAN 识别信息位于数据帧中的源 MAC 地址与类型字段之间。基于 IEEE 802.1q 附加的 VLAN 信息，就像在传递物品时附加的标签。IEEE 802.1q VLAN 最多可支持 4096 个 VLAN 组，并可跨交换机实现。

IEEE 802.1q 协议在原来的以太帧中增加了 4 个字节的标记（Tag）字段，如图 8-4 所示。增加了 4 个字节后，交换机默认的最大传输单元（Maximum Transmission Unit，MTU）应由 1500 字节改为至少 1504 个字节。因此普通的接口接收到这种数据帧，会被认为是超大数据帧（Giant），则会被直接丢弃。

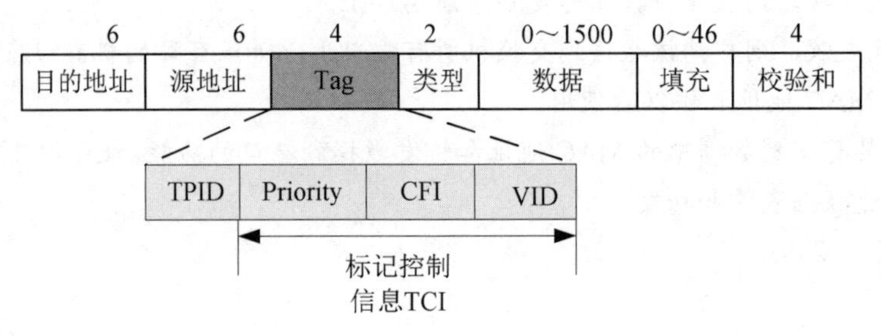

图 8-4　IEEE 802.1q 格式

■ **参考答案** (1) C

【考核方式】考核 VLAN 的基本划分方式。

● 划分 VLAN 有多种方法，这些方法中不包括___(1)___；在这些方法中属于静态划分的是___(2)___。

(1) A．按端口划分　　B．按交换设备划分
　　C．按 MAC 地址划分　　D．按 IP 地址划分

(2) A．按端口划分　　B．按交换设备划分
　　C．按 MAC 地址划分　　D．按 IP 地址划分

■ **试题分析** VLAN 的划分方式有多种，但并非所有交换机都支持，而且只能选择一种应用。

1）根据端口划分。这种划分方式是依据交换机端口来划分 VLAN 的，是最常用的 VLAN 划分方式，属于静态划分。例如，A 交换机的 1～12 号端口被定义为 VLAN1，13～24 号端口被定义为 VLAN2，25～48 号端口和 C 交换机上的 1～48 端口被定义为 VLAN3。VLAN 之间通过 3 层交换机或路由器保证 VLAN 之间的通信。

2）根据 MAC 地址划分。这种划分方法是根据每个主机的 MAC 地址来划分的，即对每个 MAC 地址的主机都配置其属于哪个组，属于**动态划分 VLAN**。这种方法的最大优点是当设备的物理位置移动时，VLAN 不用重新配置；缺点是初始化时，所有的用户都必须进行配置，配置工作量大，如果网卡更换或设备更新，又需重新配置。而且这种划分方法也导致了交换机的端口可能存在很多个 VLAN 组的成员，无法限制广播包，从而导致广播太多，影响网络性能。

3）根据网络层上层协议划分。这种划分方法是根据每个主机的网络层地址或协议类型（如果支持多协议）划分的，**属于动态划分 VLAN**。这种划分方法根据网络地址（如 IP 地址）划分，但与网络层的路由毫无关系。优点是用户的物理位置改变了，不需要重新配置所属的 VLAN，而且可以根据协议类型来划分，这对网络管理者来说很重要。此外，这种方法不需要附加帧标签来识别 VLAN，这样可以减少网络的通信量。缺点是效率低（相对于前面两种方法），因为检查每一个数据包的网络层地址是需要消耗处理时间的，一般的交换机芯片都可以自动检查网络上数据包的以太网帧头，但要让芯片能检查 IP 帧头，则需要更高的技术，同时也更费时。

4）根据 IP 组播划分 VLAN。IP 组播实际上也是一种 VLAN 的定义，即认为一个组播组就是一个 VLAN。这种划分方法将 VLAN 扩展到了广域网，因此这种方法具有更强的灵活性，而且也很容易通过路由器进行扩展，当然这种方法不适合局域网，主要是因为效率不高。该方式属于**动态划分 VLAN**。

5）基于策略的 VLAN。根据管理员事先制定的 VLAN 规则，自动将加入网络中的设备划分到正确的 VLAN。该方式属于**动态划分 VLAN**。

因此，这些划分方法中，不包括按设备划分。

■ 参考答案　（1）B　（2）A

课堂练习

- 通过以太网交换机连接的一组工作站__（1）__。

  （1）A．组成一个冲突域，但不是一个广播域
  B．组成一个广播域，但不是一个冲突域
  C．既是一个冲突域，又是一个广播域
  D．既不是冲突域，也不是广播域

- 下面关于交换机的说法中，正确的是__（2）__。

  （2）A．以太网交换机可以连接运行不同网络层协议的网络
  B．从工作原理上讲，以太网交换机是一种多端口网桥
  C．集线器是一种特殊的交换机
  D．通过交换机连接的一组工作站形成一个冲突域

- 网络中存在各种交换设备，下面的说法中错误的是__（3）__。

  （3）A．以太网交换机根据 MAC 地址进行交换

B．帧中继交换机只能根据虚电路号 DLCI 进行交换

C．三层交换机只能根据第三层协议进行交换

D．ATM 交换机根据虚电路标识进行信元交换

● 在交换机之间的链路中，能够传送多个 VLAN 数据包的是＿（4）＿。

（4）A．中继连接　　B．接入链路　　C．控制连接　　D．分支链路

试题分析

试题 1 分析：以太网交换机连接的是一个广播域，每个端口是一个冲突域。

■ **参考答案**（1）B

试题 2 分析：以太网交换机又称为多端口网桥，只连接多个以太局域网之间的数据交换。交换机连接设备同处一个冲突域，而交换机每个端口都是一个冲突域。

■ **参考答案**（2）B

试题 3 分析：以太网交换机工作在数据链路层，以 MAC 地址进行交换，三层交换机的工作是既用第三层协议，也用第二层协议。

■ **参考答案**（3）C

试题 4 分析：中继（TRUNK）能在同一个线路上传输多个 VLAN 数据。

■ **参考答案**（4）A

第9章 交换机配置

知识点图谱与考点分析

交换机是目前使用最为广泛的局域网设备，因此考试中对交换技术的配置内容考查得比较多，如交换机的配置连接方式、交换机操作系统中各种配置视图的切换、用户、密码配置、VLAN 配置等。本章的知识点体系图谱如图 9-1 所示。

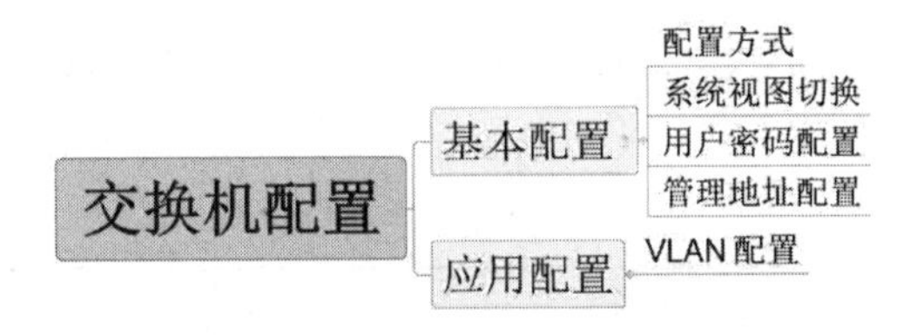

图 9-1　交换机配置知识体系图谱

知识点：基本配置

知识点综述

交换机基本配置是考试中常考的知识点，主要包括配置方式、配置视图的切换命令及用户名和用户密码的配置。本知识点体系图谱如图 9-2 所示。

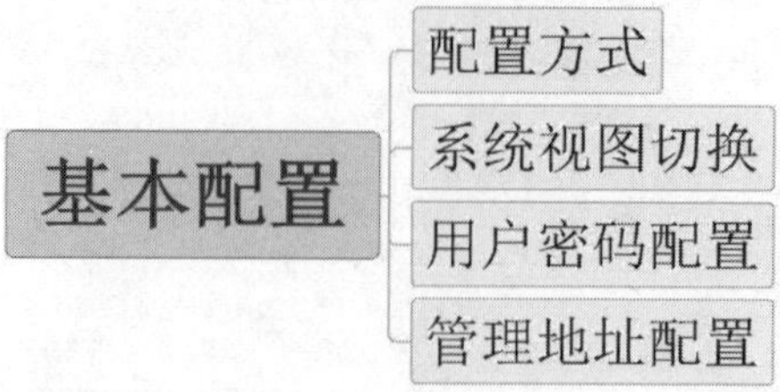

基本配置
- 配置方式
- 系统视图切换
- 用户密码配置
- 管理地址配置

图 9-2　交换机基本配置知识体系图谱

参考题型

【考核方式 1】考核交换机的密码设置。

● 在交换机上要配置 Console 接口的口令，则要使用命令__（1）__先进入 Console 接口。

（1）A．interface console　　B．user-interface console 0

C．interface console 0　　D．user-interface vty 0 4

■ 试题分析　要配置交换的 Console 接口，必须使用 user-interface console 0 命令进入 Console 接口，然后再对该接口进行进一步的配置。

■ 参考答案　（1）B

【考核方式 2】考核交换机配置视图的切换。

● 交换机命令<Switch >system 的作用是__（1）__。

（1）A．配置访问口令　　B．进入系统视图

C．更改主机名　　D．显示当前系统信息

■ 试题分析　交换机的命令状态如表 9-1 所示。实际使用中，没使用缩写，如 system-view 可以简写成 system 或者 sys。

表 9-1　交换机的命令状态

常用视图名称	进入视图	视图功能
用户视图	用户从终端成功登录至设备即进入用户视图，在屏幕上显示<Huawei>	用户可以完成查看运行状态和统计信息等功能。在其他视图下，都可使用 Return 直接返回用户视图
系统视图	在用户视图下，输入命令 system-view 后按 Enter 键，进入系统视图。 <Huawei>system-view [Huawei]	在系统视图下，用户可以配置系统参数以及通过该视图进入其他的功能配置视图
接口视图	使用 interface 命令并指定接口类型及接口编号，可以进入相应的接口视图。 [Huawei] interface gigabitethernetX/Y/Z [Huawei-GigabitEthernetX/Y/Z] X/Y/Z 为需要配置的接口编号，分别对应“槽位号/子卡号/接口序号”	配置接口参数的视图称为接口视图。在该视图下可以配置接口相关的物理属性、链路层特性及 IP 地址等重要参数

续表

常用视图名称	进入视图	视图功能
路由协议视图	在系统视图下，使用路由协议进程运行命令可以进入到相应的路由协议视图。 [Huawei] isis [Huawei-isis-1]	路由协议的大部分参数是在相应的路由协议视图下进行配置的。如 IS-IS 协议视图、OSPF 协议视图、RIP 协议视图，要退回到上一层命令，可以使用 quit 命令

■ **参考答案** （1）B

【考核方式 3】考核交换机的基本配置命令。

- 查看 OSPF 接口的开销、状态、类型、优先级等的命令是__（1）__；查看 OSPF 在接收报文时出错记录的命令是__（2）__。

  （1）A．display ospf　　B．display ospf error
  　　C．display ospf interface　　D．display ospf neighbor
  （2）A．display ospf　　B．display ospf error
  　　C．display ospf interface　　D．display ospf neighbor

■ **试题分析** 这是华为设备的基本命令。查看设备配置和状态需使用 display 命令。几个选项中，display ospf 是干扰项，目前的华为系统不支持该命令，从题干意思来看，需要获取接口的开销，状态等信息，自然是查看 ospf interface，也就是 display ospf interface。

要查看 OSPF 在接收报文时的出错记录，也就是相应的 error，通过这个关键词，可以基本确定是 display ospf error。

■ **参考答案** （1）C　（2）B

- 如图 9-3 所示，Switch A 通过 Switch B 和 NMS 跨网段相连并正常通信。Switch A 与 Switch B 配置相似，从给出的 Switch A 的配置文件可知该配置实现的是__（3）__，验证配置结果的命令是__（4）__。

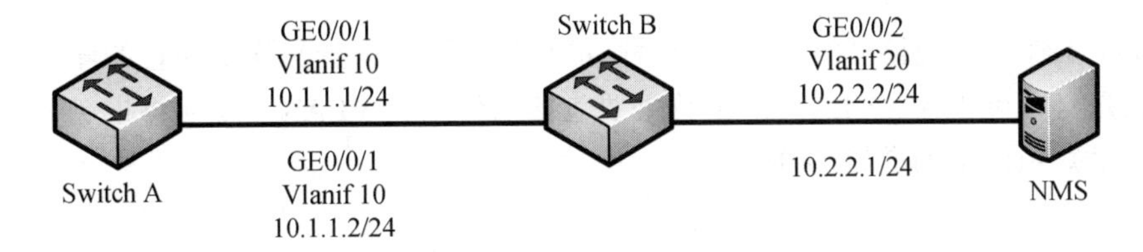

图 9-3　试题用图

```
SwitchA 的配置
Sysname SwitchA
Vlan batch 10
Bfd
Interface vlanif  10
IP address10.1.1.1 255.255.255.0
```

```
Interface GigabitEthernet 0/0/1
Port link-type trunk
Port trunk allow-pass vlan 10
Bfd aa bind peer-ip 10.1.1.2
Discriminator local 10
Discriminator remote 20
Commit
Ip route-static 10.2.2.0 255.255.255.0 10.1.1.2 track bfd-session aa
Return
```

（3）A．实现毫秒级链路故障感知并刷新路由表
B．能够感知链路故障并进行链路切换
C．将感知到的链路故障通知 NMS
D．自动关闭故障链路接口并刷新路由表

（4）A．display nqa results
B．display bfd session all
C．display efm session all
D．display current-configuration|include nqa

■ **试题分析** 会话建立后会周期性地快速发送双向转发侦测（Bidirectional Forwarding Detection，BFD）报文，如果在检测时间内没有收到 BFD 报文，则认为该双向转发路径发生了故障，通知被服务的上层应用进行相应的处理。

检查结果使用 display bfd session all 比较合适。

■ **参考答案** （3）A （4）B

知识点：应用配置

知识点综述

VLAN 技术在二层交换网络中有无可替代的位置，因此考查交换机配置的环节中，对这个技术的考查是必不可少的。VLAN 的配置主要包括如何创建 VLAN、如何将指定端口划入指定 VLAN 等。本知识体系图谱如图 9-4 所示。

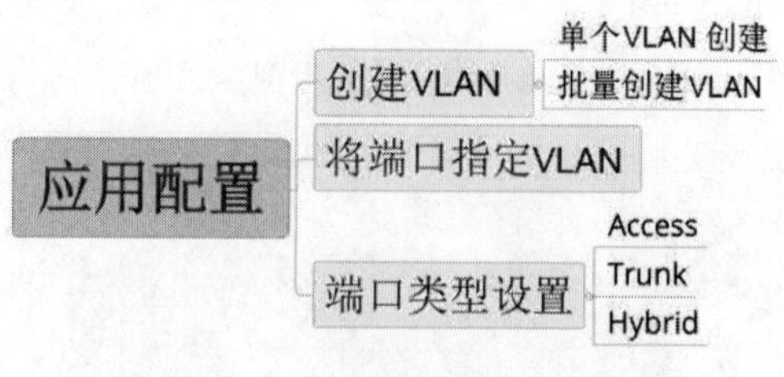

图 9-4 应用配置知识体系图谱

参考题型

【考核方式】 考核 VLAN 的基本配置。

● 能进入 VLAN 配置状态的交换机命令是 (1) 。

（1）A. <huawei> vlan 10　　B. <huawei> interface vlan

C. [huawei] vlan 10　　D. [huawei>]interface GE0/0/1

■ **试题分析** VLAN 配置方式为系统视图下输入 Vlan vlannumber 命令。

■ **参考答案** （1）C

● 删除 VLAN 的命令是 (2) 。

（2）A. system-view　　B. display this

C. undo vlan　　D. interface GigabitEthernet

■ **试题分析** 华为设备中，要取消或者删除之前做过的操作，通常可以使用 undo 完成，如要删除某个 VLAN，可以在系统视图下输入 undo Vlan vlannumber 命令。

■ **参考答案** （2）C

课堂练习

● 阅读以下说明，回答问题 1 至问题 4，将解答填入对应的解答栏内。

【说明】 某公司有 1 个总部和 2 个分部，各个部门都有自己的局域网。该公司申请了 4 个 C 类 IP 地址块 202.114.10.0/24～202.114.13.0/24。公司各部门通过帧中继网络进行互连，网络拓扑结构如图 9-5 所示。

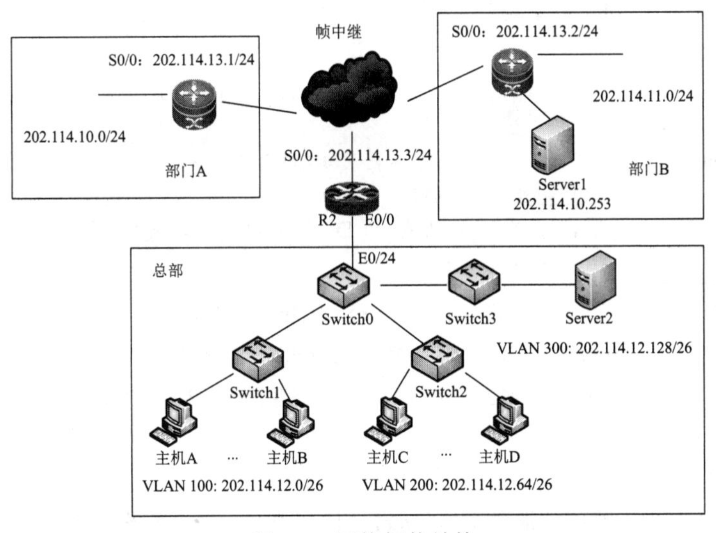

图 9-5　网络拓扑结构

【问题 1】（4 分）

请根据图 9-2 完成 R0 路由器的配置。

```
[R0]interface s0/0                          （进入串口配置视图）
[R0-Serial0/0] ip address 202.114.13.1    （1）  （设置 IP 地址和掩码）
[R0-Serial0/0] link-protocol    （2）  （设置串口工作模式）
```

【问题 2】（5 分）

Switch0、Switch1、Switch2 和 Switch3 均为二层交换机。总部拥有的 IP 地址块为 202.114.12.0/24。Switch0 的端口 E0/24 与路由器 R2 的端口 E0/0 相连，请根据图 9-5 完成路由器 R2 和 Switch0 的配置。

```
[R2]interface Ethernet 0/0.1
[R2-Ethernet0/0.1]dot1q    termination vid    （3）
[R2-Ethernet0/0.1]ip address 202.114.12.1 255.255.255.192
[R2-Ethernet0/0.1]undo shutdown
[R2-Ethernet0/0.1]quit
[R2]interface Ethernet0/0.2
[R2-Ethernet0/0.2]dot1q    termination vid    （4）
[R2-Ethernet0/0.2]ip address 202.114.12.65255.255.255.192
[R2-Ethernet0/0.2]undo shutdown
[R2-Ethernet0/0.2]quit
[R2]interface Ethernet 0/0.3
[R2-Ethernet0/0.3]dot1q    termination vid    （5）
[R2-Ethernet0/0.3]ip address 202.114.12.129    255.255.255.192
[R2-Ethernet0/0.3]undo shutdown
[R2-Ethernet0/0.3]quit
[Switch0] interface Ethernet0/24
[Switch0- Ethernet0/24]port    link-type   （6）
[switch0-Ethernet0/24]port trunk allow-pass   （7）
```

【问题 3】（3 分）

若主机 A 与 Switch1 的 E0/2 端口相连，请完成 Switch1 相应端口设置。

```
[switch0]interface    Ethernet 0/2
[switch0-Ethernet0/2]          （8）  （设置端口为接入链路模式）
[switch0-Ethernet0/2]       （9）  （把 E0/2 分配给 VLAN 100）
```

若主机 A 与主机 D 通信，请填写主机 A 与 D 之间的数据转发顺序。

主机 A→ （10） →主机 D。

（10）A．Switch1→Switch0→R2（S0/0）→Switch0→Switch2

B．Switch1→Switch0→R2（E0/0）→Switch0→Switch2

C．Switch1→Switch0→R2（E0/0）→R2（S0/0）→R2（E0/0）→Switch0→Switch2

D．Switch1→Switch0→Switch2

【问题 4】（3 分）

为了部门 A 中用户能够访问服务器 Server1，请在 R0 上配置一条特定主机路由。

```
[R0]ip route-static 202.114.10.253  （11）  （12）
```

试题分析

【问题1】(4分)

(1)设置路由器R0的S0/0端口IP地址的掩码,而图9-5标注该端口的IP地址和掩码形式为202.114.13.1/24,所以其子网掩码为255.255.255.0。因此(1)为255.255.255.0。

(2)在S0/0端口接口封装帧中继协议,封装命令为link-protocol **fr**。

【问题2】(5分)

本题涉及单臂路由的配置。通过路由器交换不同VLAN间的数据,这类路由器就称为单臂路由,这种方式目前已经不常用了。

VLAN 100: 202.114.12.0/26 的IP地址范围是202.114.12.0~202.114.12.63,该接口地址属于VLAN 100。因此(3)为100。

同理,(4)为200,(5)为300。

由图9-6可知,Switch0的E0/24口要与不同的VLAN通信,因此需要配置为Trunk口,因此(6)为Trunk。

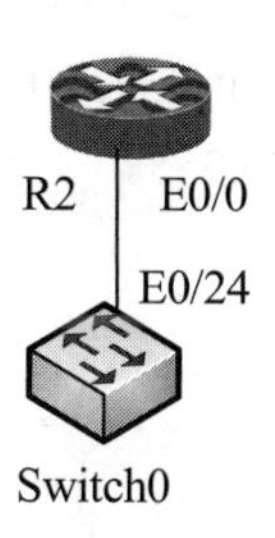

图9-6 部分拓扑结构

配置所有VLAN均可以通过,使用[switch0-Ethernet0/24]port trunk allow-pass vlan all 因此(7)为vlan all。

【问题3】(3分)

设置端口为接入链路视图命令,在对应端口配置视图下输入(8)port link-type access 命令。

使用port default vlan <*vlan-id*>命令,指定端口默认的VLAN。(9)题为port default vlan 100。

由图9-7可以看出,主机A与D之间的数据转发顺序为:Switch1→Switch0→R2(E0/0)→Switch0→Switch2。因此(10)为选项B。

【问题4】(3分)

静态路由命令格式:

[Router] **ip route-static** ip-address 掩码网关地址

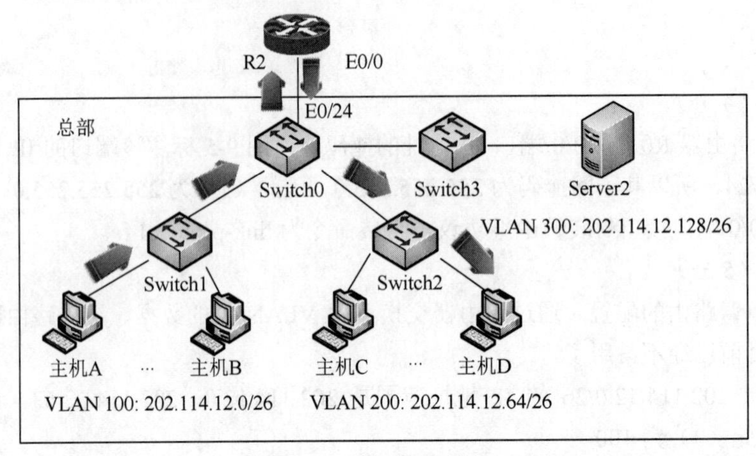

图 9-7　数据转发顺序

为了部门 A 中用户能够访问服务器 Server1，在 R0 上配置命令为：

[Router]**ip route-static** 202.114.10.253 255.255.255.255 202.114.13.2。因此（12）为 202.114.13.2。

注意，这里的目标网络实际上是一个主机 IP 地址，是一种特殊的主机路由，掩码是 255.255.255.255。因此（11）为 255.255.255.255。

■ 参考答案

【问题 1】（4 分）

（1）255.255.255.0（2 分）

（2）fr　（2 分）

【问题 2】（5 分，各 1 分）

（3）100

（4）200

（5）300

（6）trunk

（7）vlan all

【问题 3】（3 分，各 1 分）

（8）port link-type access

（9）port default vlan 100

（10）B

【问题 4】（3 分）

（11）255.255.255.255（2 分）

（12）202.114.13.2　（1 分）

● 阅读以下说明，回答问题1至问题3，将解答填入对应的解答栏内。

【说明】某企业的网络结构如图9-8所示。Router作为企业出口网关。该企业有两个部门A和B，为部门A和B分配的网段地址是:10.10.1.0/25和10.10.1.128/25。

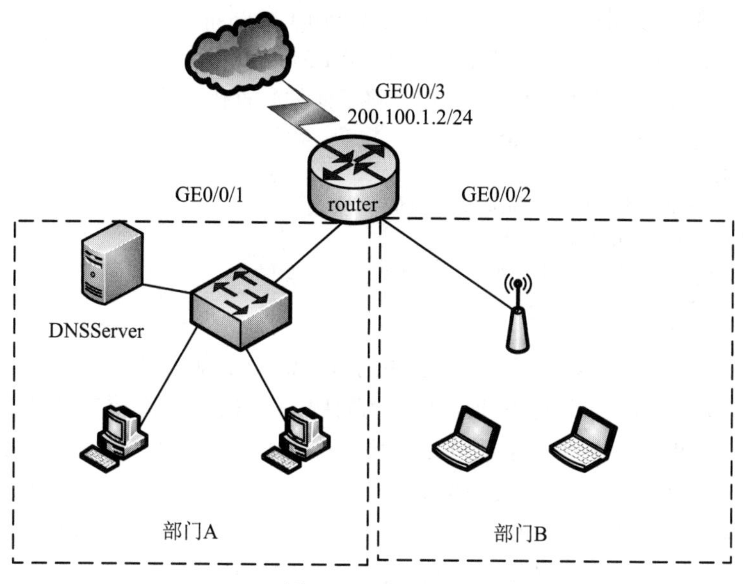

图9-8　习题用图

【问题1】(2分)

在公司地址规划中，计划使用网段中第一个可用IP地址作为该网段的网关地址，部门A的网关地址是__(1)__，部门B的网关地址是__(2)__。

【问题2】(10分)

公司在路由器上配置DHCP服务，为两个部门域名分配IP地址，名为abc.com，其中部门ADNS服务器的地址租用期限为30天，部门B的地址租用期限为2天，地址为10.10.1.2. 请根据描述，将以下配置代码补充完整。

部门A的DHCP配置：

```
<Route>__(3)__
[Router]__(4)__GigabitEthernet0/0/1
[Router interface GigabitEthernet0/0/1]ip address 10.10.1.1 255.255.255.128
[Router interface- GigabitEthernet0/0/1]dhcp select__(5)__//接口工作在全局地址池模式
[Router-interface-GigabitEthernet0/0/1]__(6)__
[Router] ip pool pool1
[Router-ip-pool-pool1] network 10.10.1.0 mask__(7)__
[Router-ip-pool-pool1] excluded-ip-address (8)
[Router-ip-pool-pool1]__(9)__10.10.1.2        //设置DNS
[Router-ip-pool-pool1]__(10)__10.10.1.1       //设置默认网关
[Router-ip-pool-pool1]__(11)__day 30 hour 0 minute 0
```

```
[Router-ip-pool-pool1]__（12）__abc.com
[Router-ip-pool-pool1] quit
部门 B 的 DHCP 配置略
```

【问题 3】（3 分）

企业内网地址规划为私网地址，且需要访问 Internet 公网，因此，需要通过配置 NAT 实现私网地址到公网地址的转换，公网地址范围为 200.100.1.3～200.100.1.6。连接 Router 出接口 GE0/0/3 的对端 IP 地址为 200.100.1.1/24，请根据描述，将下面的配置代码补充完整。

```
[Router]nat address-group 0 200.100.1.3 200.100.1.6
[Router]acl number 2000
[Router-acl-basic-2000]rule 5__（13）__source 10.10.1.00.0.0.255
[Router]interface GigabitEthernet0/0/3
[Router-GigabitEthernet0/0/3]nat__（14）__2000 address-group 0 no-pat
[Router-GigabitEthernet0/0/3]quit
[Router]ip route-static 0.0.0.0 0.0.0.0__（15）__
```

问题 1 分析：这个题目实际上就是考查考生的 IP 地址计算能力，要求计算出 IP 地址段内的第一个可用 IP 地址即可。因此掌握好 IP 地址计算的问题，不仅仅在上午卷的考试中可以拿分，下午卷中同样可以得分。根据题干“部门 A 和 B 分配的网段地址是：10.10.1.0/25 和 10.10.1.128/25。”可以计算出部门 A 的地址范围是：10.10.1.0/25～10.10.1.127/25。第一个可用 IP 地址就是 10.10.1.1/25；部门 B 网段地址是：10.10.1.128/25～10.10.1.255/25。第一个地址就是 10.10.1.129/25。但是注意题目问的是地址，因此直接填写地址即可，无需掩码。

■ **参考答案**

【问题 1】（1）10.10.1.1 （2）10.10.1.129

问题 2 分析：华为命令配置填空或者解释，这是每年必考的题。考试中必须注意上下文，才能确定命令用的是什么。第（3）空中，可以根据下一行的提示，用的是[router]进行判断，这是系统视图的提示符，因此使用 system-view。

第（4）空结合上下文“[Router]__（4）__GigabitEthernet0/0/1”和“[Router interface GigabitEthernet0/0/1]ip address 10.10.1.1 255.255.255.128”，可知这是一个 interface 命令。

第（5）空从后面的解释“//接口工作在全局地址池模式”可知，是用的 dhcp select global。这里要注意，接口的地址池模式有两种，一种是 global，对应的配置中一定会有一个 ip pool 命令配置地址池。另一种是 interface 方式，对应的配置是直接在接口视图下地址池的相关配置。这实际上也是一种上下文提示关系。考试中常考，可以记住这个对应的关系。

第（6）空，从“[Router- interface GigabitEthernet0/0/1]__（6）__[Router]”这个上下文可以知道是 quit。

第（7）空从 mask 可知是一个掩码，计算可知（7）是 255.255.255.128。

第（8）空从“excluded-ip-address__（8）__”知道是排除地址，这里要从上下文看，还有那些地址被固定使用，不能分配，通常就是 DNS 服务器地址，默认网关地址在华为设备中，会自动排除。强行添加会出现“Error:Only idle or expired IP address can be disabled.”。但是本题中，Gateway-list

在这个配置之后，因此可以添加，但是当管理员添加 Gateway-list 的时候也会报错。“Error:The IP address's status is error. ”。因此答案是 DNS 服务器地址，10.10.1.2。

第（9）空和（10）空比较简单，后面的解释很清楚，直接使用 DNS-list 和 Gateway-list 即可。

第（11）空就是一个租约期限，使用的是 lease。

第（12）空设置的是域名，domain-name。

问题 3 分析：配置 NAT，这是要求考生必须掌握的基本配置。先设定一个基本 ACL，定义需要转换的数据的源地址，因此（13）空是 permit。（14）空是在接口使用 NAT，基本命令格式 NAT outbound ACLnumber address-group groupnumber [no-pat]。因此是 outbound。

第（15）空就是默认网关地址，对应的地址就是公网接口对端设备的地址，题干给出“连接 Router 出接口 GE0/0/3 的对端 IP 地址为 200.100.1.1/24”，因此就是 200.100.1.1。

■ **参考答案**

【问题 1】（1）10.10.1.1　　（2）10.10.1.129

【问题 2】

（3）system-view　　（4）interface　　（5）global　　（6）quit

（7）255.255.255.128　　（8）10.10.1.2　　（9）DNS-list

（10）gateway-list　　（11）lease　　（12）domain-name

【问题 3】（13）permit　　（14）outbound　　（15）200.100.1.1

第10章 路由原理与路由协议

知识点图谱与考点分析

路由原理主要包括各种基本的路由概念、路由算法和常见的路由协议的类型等，在考试中常见的协议如路由信息协议（Routing Information Protocol，RIP）、开放式最短路径优先（Open Shortest Path First，OSPF）协议等都是考查的重点内容。对于协议主要是掌握协议的基本特点和参数，如更新时间、路由代价计算等。本章的知识体系图谱如图 10-1 所示。

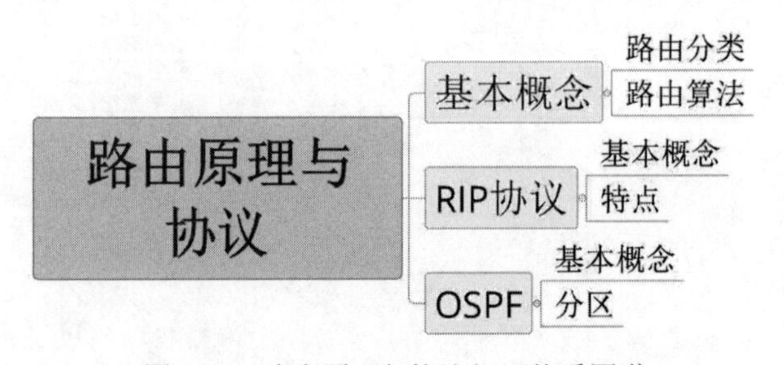

图 10-1　路由原理与协议知识体系图谱

知识点：基本概念

知识点综述

路由的基本概念在考试中考查得比较多，主要是考路由算法的特点和原理。本知识点的体系图谱如图 10-2 所示。

路由的基本概念
路由分类：距离向量、链路状态
常见的路由算法：RIP、OSPF、BGP

图 10-2 路由的基本概念知识体系图谱

参考题型

【考核方式 1】考核路由的基本概念。

- 在互联网中可以采用不同的路由选择算法，所谓松散源路由，是指 IP 分组__（1）__。

（1）A．必须经过源站指定的路由器

B．只能经过源站指定的路由器

C．必须经过目标站指定的路由器

D．只能经过目标站指定的路由器

■ **试题分析** 松散源路由（Loose Source Route）：只给出 IP 数据报**必须经过源站指定的路由器**，并不给出一条完备的路径，没有直连的路由器之间的路由需要有寻址功能的软件支撑。

■ **参考答案** （1）A

【考核方式 2】考核考生对基本的路由类型的了解。

- 在距离矢量路由协议中，每一个路由器接收的路由信息来源于__（1）__。

（1）A．网络中的每一个路由器　　B．它的邻居路由器

C．主机中储存的一个路由总表　　D．距离不超过两个跳步的其他路由器

■ **试题分析** 距离矢量名称的由来是因为路由是以矢量（距离、方向）的方式被通告出去的，这里的距离是根据度量来决定的。**距离矢量路由算法是动态路由算法**。它的工作流程是：每个路由器维护一张矢量表，表中列出了当前已知的到每个目标的最佳距离及所使用的线路。通过在邻居之间相互交换信息，路由器不断地更新它们内部的表。

■ **参考答案** （1）B

- 下列路由条目来源中，优先级最高的是__（2）__。

（2）A．DIRECT　　B．RIP　　C．OSPF　　D．Static

■ **试题分析** 路由器中对各种路由类型都定义了对应的优先级，因为考试只考华为设备，因此只要记住华为路由协议的优先级即可。其他厂商定义的可能不一样，要特别注意。华为设备中，DIRECT 的优先级为 0；OSPF 的优先级为 10；STATIC 的优先级为 60； RIP 的优先级为 100；OSPFASE 的优先级为 150；BGP 的优先级为 170。

■ **参考答案** （2）A

知识点：RIP 协议

知识点综述

RIP 协议是一种最常见的动态路由协议，属于距离向量类型的典型代表，其路由代价是用跳数（Hop Count）来衡量的，最大跳数不能超过 15，否则视为不可达。考试中对 RIP 协议的基本特性和基本时间参数考查得比较多。本知识点的体系图谱如图 10-3 所示。

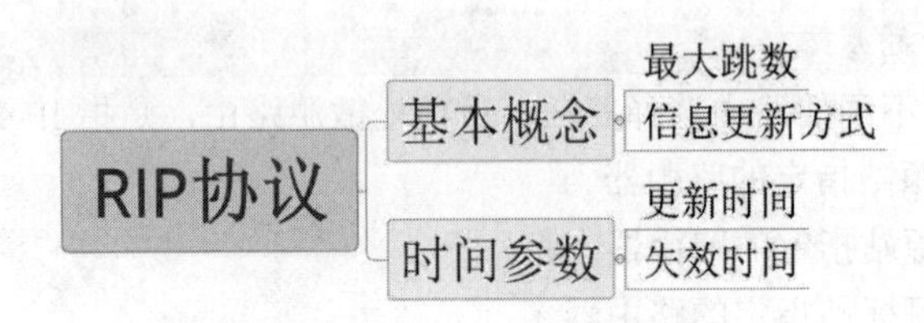

图 10-3　RIP 协议知识体系图谱

参考题型

【考核方式 1】考核 RIP 协议的基本特性。

- RIPv2 是增强的 RIP 协议，下面关于 RIPv2 的描述中，错误的是__(1)__。

（1）A．使用广播方式来传播路由更新报文

B．采用触发更新机制来加速路由收敛

C．支持可变长子网掩码和无类别域间路由

D．使用经过散列的口令字来限制路由信息的传播

■ **试题分析**　RIPv2 使用组播方式更新报文。RIPv2 采用了触发更新机制来加速路由收敛，即路由变化立即发送更新报文，而无须等待更新周期时间是否到达。

RIPv2 属于无类别协议，而 RIPv1 是有类别协议。

RIPv2 支持认证，使用经过散列的口令字来限制更新信息的传播。

RIPv1 和 RIPv2 的其他特性均相同，如以跳数来度量路由费用、允许的最大跳数为 15 等。

■ **参考答案**　（1）A

- RIPv2 对 RIPv1 协议有三方面的改进。下面的选项中，RIPv2 的特点不包括__(2)__。在 RIPv2 中，可以采用水平分割法来消除路由循环，这种方法是指__(3)__。

（2）A．使用组播而不是广播来传播路由更新报文

B．采用触发更新机制来加速路由收敛

C．使用经过散列的口令来限制路由信息的传播

D．支持动态网络地址变换来使用私网地址

（3）A．不能向自己的邻居发送路由信息
　　B．不要把一条路由信息发送给该信息的来源
　　C．路由信息只能发送给左右两边的路由器
　　D．路由信息必须用组播而不是广播方式发送

■ **试题分析** RIPv1 与 RIPv2 的对比见表 10-1。

表 10-1　RIPv1 与 RIPv2 的对比

	RIPv1	RIPv2
是否支持 VLSM（可变长子网掩码）	否	是
是否支持 CIDR（无类别域间路由）	否	是
更新报文方式	广播	组播
是否属于 Classful（有类别）路由协议	是	否
有无认证	无	MD5 认证限制更新信息
路由更新	固定更新周期	触发更新结合更新周期
最大跳数	15	15
算法	距离矢量	距离矢量

RIP 协议采用水平分割（Split Horizon）技术解决路由环路（Routing Loops）问题。水平分割路由器某一接口学习到的路由信息不再反方向传回。

毒性逆转的水平分割（Split Horizon with Poisoned Reverse）是“邻居学习到的路由费用设置为无穷大，并发送给邻居”。这种方式能立刻中断环路，而水平分割要等待一个更新周期。

■ **参考答案** （2）D　（3）B

[辅导专家提示]RIP 协议有几种不同的版本，特性也各不相同，尤其是 v2 新增的特性与 v1 有较大区别。考试中对这两个版本的区别考查较多，因此应理解清楚。

【考核方式 2】考核 RIP 协议的基本时间参数。

● RIP 协议默认的路由更新周期是＿（1）＿秒。

（1）A．30　　B．60　　C．90　　D．100

■ **试题分析** RIP 路由更新周期为 **30 秒**，路由器 **180 秒**没有回应则标志路由不可达，**240 秒**内没有回应则删除路由表信息。

■ **参考答案** （1）A

知识点：OSPF 协议

知识点综述

开放式最短路径优先（OSPF）协议是链路状态类型路由协议的典型代表，也是目前网络中使

用最为广泛的内部网关协议（Interior Gateway Protocol，IGP）类型的路由协议，OSPF 的基本特征和时间参数是考核的重点。本知识点的体系图谱如图 10-4 所示。

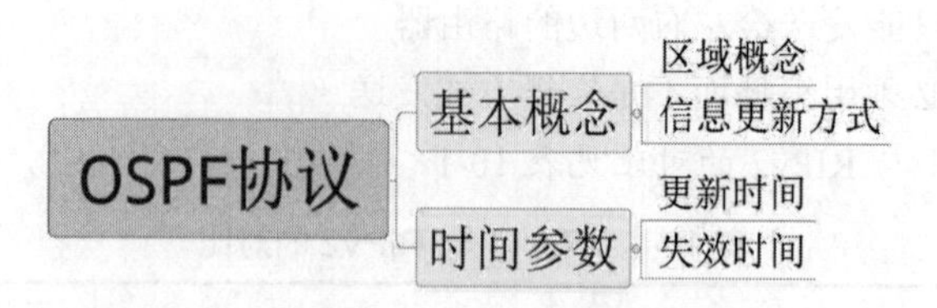

图 10-4　OSPF 协议知识体系图谱

参考题型

【考核方式 1】考核 OSPF 的基本特征。

- 在 OSPF 协议中，链路状态算法用于＿（1）＿。

（1）A．生成链路状态数据库　　B．计算路由表

C．产生链路状态公告　　D．计算发送路由信息的组播树

■ 试题分析　开放式最短路径优先（OSPF）是一个**内部网关协议**（IGP），用于在**单一自治系统**（Autonomous System，AS）内决策路由。各个 OSPF 路由器维护一张全网的链路状态数据库，采用 Dijkstra 的**最短路径优先算法**（Shortest Path First，SPF）计算生成路由表。

■ 参考答案　（1）B

- 以下两种路由协议中，错误的是＿（2）＿。

（2）A．链路状态协议在网络拓扑发生变化时发布路由信息

B．距离矢量协议是周期性发布路由信息

C．链路状态协议的所有路由器都发布路由信息

D．距离矢量协议是广播路由信息

■ 试题分析　运行距离矢量路由协议的路由器，会将所有它知道的**路由信息与邻居共享**，当然只是与直连邻居共享。运行链路状态路由协议的路由器，只将它所**直连的链路状态与邻居共享**。

链路状态路由协议和距离矢量路由协议的对比见表 10-2。

表 10-2　两种类型路由协议的比较

	距离矢量路由协议	链路状态路由协议
发布路由触发条件	周期性发布路由信息	网络拓扑变化发布路由信息
发布路由信息的路由器	所有路由器	指定路由器（Designated Router，DR）
发布方式	广播	组播
应答方式	不要求应答	要求应答
支持协议	RIP、IGRP、BGP（增强型距离矢量路由协议）	OSPF、IS-IS

■ **参考答案**（2）C

【考核方式 2】考核 OSPF 网络的区域类型。

- 为了限制路由信息传播的范围，OSPF 协议把网络划分成 4 种区域（Area），其中__（1）__的作用是连接各个区域的传输网络，__（2）__不接受本地自治系统以外的路由信息。

（1）A．不完全存根区域　　B．标准区域　　C．主干区域　　D．存根区域

（2）A．不完全存根区域　　B．标准区域　　C．主干区域　　D．存根区域

■ **试题分析**　为了限制路由信息传播的范围，OSPF 协议把网络划分成 4 种区域（Area），其中主干区域的作用是连接各个区域的传输网络，存根区域不接受本地自治系统以外的路由信息。

■ **参考答案**（1）C　（2）D

课堂练习

- RIPv1 不支持 CIDR，对于运行 RIPv1 协议的路由器，不能设置的网络地址是__（1）__。

（1）A．10.16.0.0/8　　B．172.16.0.0/16　　C．172.22.0.0/18　　D．192.168.1.0/24

- RIPv2 相对 RIPv1 主要有三方面的改进，其中不包括__（2）__。

（2）A．使用组播来传播路由更新报文　　B．采用了分层的网络结构

C．采用了触发更新机制来加速路由收敛　　D．支持可变长子网掩码和路由汇聚

- RIP 协议中可以使用多种方法防止路由循环，以下不属于这些方法的是__（3）__。

（3）A．垂直翻转　　B．水平分割　　C．反向路由毒化　　D．设置最大度量值

- 两个自治系统（AS）之间的路由协议是__（4）__。

（4）A．RIP　　B．OSPF　　C．BGP　　D．IGRP

- RIP 协议__（5）__进行路由抉择。

（5）A．仅利用自身节点的信息　　B．利用邻居的信息

C．利用网络所有节点的信息　　D．不需要网络信息

- OSPF 将路由器连接的物理网络划分为以下 4 种类型，以太网属于__（6）__。

（6）A．点对点网络　　B．广播多址网络　　C．点到多点网络　　D．非广播多址网络

- 下列关于 OSPF 协议的说法中，错误的是__（7）__。

（7）A．OSPF 的每个区域（Area）运行路由选择算法的一个实例

B．OSPF 采用 Dijkstra 算法计算最佳路由

C．OSPF 路由器向各个活动端口组播 Hello 分组来发现邻居路由器

D．OSPF 协议默认的路由更新周期为 30 秒

试题分析

试题 1 分析：RIPv1 不支持 CIDR，属于有类别的协议。因此，RIPv1 的掩码仅有/24、/16、/8

三种形式。

■ **参考答案** （1）C

试题 2 分析：RIPv2 使用组播方式更新报文。RIPv2 采用了触发更新机制来加速路由收敛，即路由变化立即发送更新报文，而无须等待更新周期时间是否到达。

RIPv2 属于无类别协议，而 RIPv1 是有类别协议，即 RIPv2 下 255.255.0.0 掩码可以用于 A 类网络 1.0.0.0，而 RIPv1 则不行。

RIPv2 支持认证，使用经过散列的口令字来限制更新信息的传播。

RIPv1 和 RIPv2 的其他特性均相同，如以跳数来度量路由费用、允许的最大跳数为 15 等。

■ **参考答案** （2）B

试题 3 分析：距离矢量协议容易形成路由循环、传递好消息快、传递坏消息慢等问题。解决这些问题可以采取下面几个措施：

1）水平分割（Split Horizon）。路由器某一接口学习到的路由信息不再反方向传回。

2）路由中毒（Router Poisoning）。路由中毒又称为反向抑制的水平分割，不立刻将不可达网络从路由表中删除该路由信息，而是将路由信息度量值置为无穷大（RIP 中设置跳数为 16），该中毒路由被发给邻居路由器以通知这条路径失效。

3）反向中毒（Poison Reverse）。路由器从一个接口学习到一个度量值为无穷大的路由信息，则应该向同一接口返回一条路由不可达的信息。

4）设置最大度量值（RIP 中设置最大有效跳数为 15）。

■ **参考答案** （3）A

试题 4 分析：边界网关协议（Border Gateway Protocol，BGP），目前版本为 BGP4，是一种增强的距离矢量路由协议。该协议运行在不同 AS 的路由器之间，用于选择 AS 之间花费最小的协议。BGP 协议基于 TCP 协议，端口为 179。使用面向连接的 TCP 可以进行身份认证，可靠交换路由信息。BGP4+支持 IPv6。

■ **参考答案** （4）C

试题 5 分析：路由信息协议（RIP）是最早使用的**距离矢量路由**协议。因为路由是以矢量（距离、方向）的方式被通告出去的，这里的距离是根据度量来决定的，所以叫“距离矢量”。距离矢量路由算法是动态路由算法。它的工作流程是：每个路由器维护一张矢量表，表中列出了当前已知的到每个目标的最佳距离以及所使用的线路。通过在邻居之间相互交换信息，路由器不断更新其内部的表。

■ **参考答案** （5）B

试题 6 分析：这是一个基本概念，必须要记住的。参见图 10-3 或者《网络管理员 5 天修炼》。

■ **参考答案** （6）B

试题 7 分析：OSPF 是基于链路状态变化进行路由更新，没有固定的路由更新周期，只有 RIP 这种距离向量路由协议才有固定更新周期。

■ **参考答案** （7）D

第11章 路由器配置

知识点图谱与考点分析

路由是目前使用最为广泛的局域网技术之一，因此考试中对路由器配置考查得比较多。主要需要掌握路由器的基本视图切换、配置命令、访问控制列表（Access Control List，ACL）配置、路由表相关配置等。本章的知识点体系图谱如图 11-1 所示。

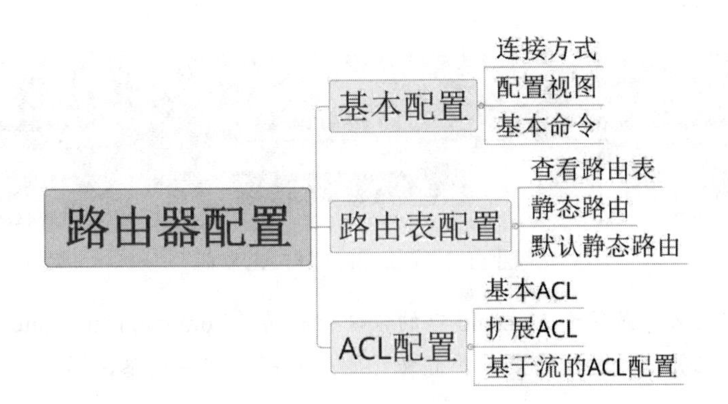

图 11-1　路由器配置知识体系图谱

知识点：路由器基本配置

知识点综述

路由器基本配置主要包括如何连接路由器、如何配置路由器、基本配置视图切换指令、基本配置命令等。

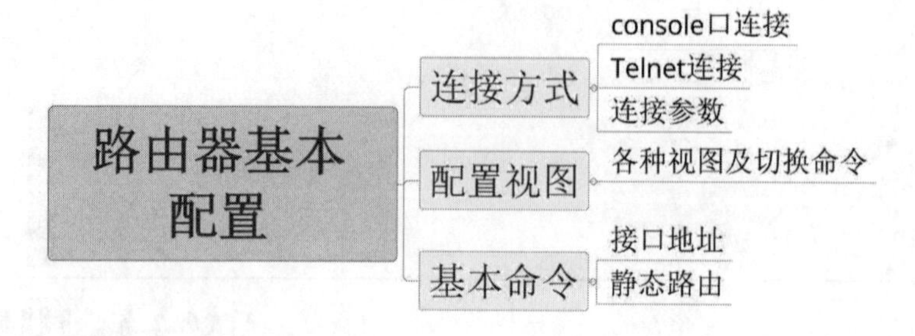

参考题型

【考核方式】考核路由器的连接方式和参数。

- 配置路由器时，PC 机的串行口与路由器的 （1） 相连，路由器与 PC 机串行口通信的默认数据速率为 （2） 。

（1）A．以太接口　　B．串行接口　　C．RJ-45 端口　　D．Console 接口

（2）A．2400b/s　　B．4800b/s　　C．9600b/s　　D．10Mb/s

■ 试题分析　Console 线连接 PC 机的串口和设备 Console 口，可以通过超级终端配置设备。图 11-2 给出了 Console 的外形。

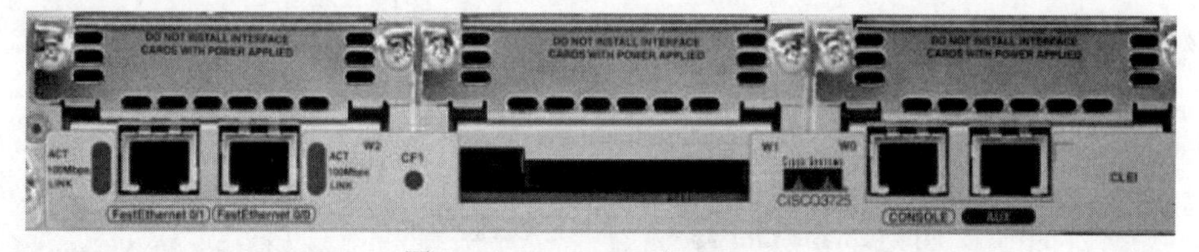

图 11-2　Console 口与 AUX 口

第一次初始配置必须是基于 Console 口的命令行界面（Command-line Interface，CLI）配置方式。使用 Console 配置方式时，需要使用超级终端。超级终端连接路由器，需要配置如图 11-3 所示的参数。

- 每秒位数：9600 波特。
- 数据位：8 位。
- 奇偶校验：无。
- 停止位：1 位。
- 数据流控制：无。

■ 参考答案　（1）D　（2）C

图 11-3 超级终端配置参数

- 路由器通过光纤连接广域网的是__(3)__。

（3）A．SFP 端口　　B．同步串行口　　C．Console 端口　　D．AUX 端口

■ 试题分析 SFP（Small Form-factor Pluggable）是 GBIC 的替代和升级版本，是小型的、新的千兆接口标准。路由器通过光纤连接广域网的是 SFP 端口。

更详细的端口介绍参见朱小平老师编著的《网络管理员 5 天修炼》一书第 19 章。

■ 参考答案 （3）A

知识点：ACL 配置

知识点综述

ACL 作为网络中对数据控制的一种基本手段，在路由器配置、网络管理、网络安全中有比较重要的地位，因此必须要掌握基本和高级 ACL 配置规则、应用方法，以及两种 ACL 应用场合的区别。其知识体系如图 11-4 所示。

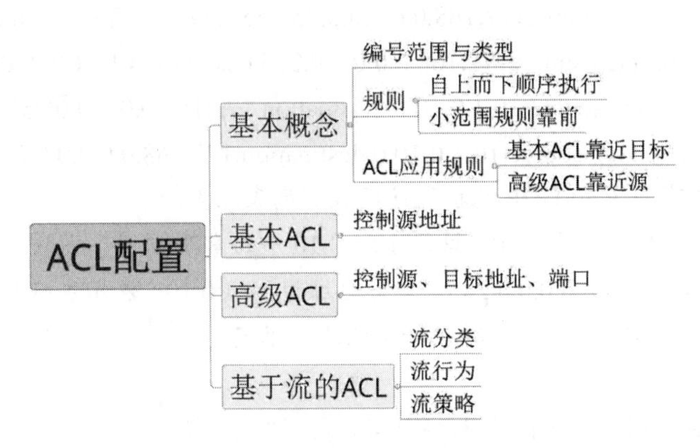

图 11-4 ACL 配置知识体系图谱

参考题型

【考核方式 1】考核基本和高级 ACL 的基本概念。

● 常用基于 IP 的访问控制列表（ACL）有基本和高级两种。下面关于 ACL 的描述中，错误的是__（1）__。

（1）A．基本 ACL 可以根据分组中的 IP 源地址进行过滤
B．高级 ACL 可以根据分组中的 IP 目标地址进行过滤
C．基本 ACL 可以根据分组中的 IP 目标地址进行过滤
D．高级 ACL 可以根据不同的上层协议信息进行过滤

■ **试题分析** 基本 ACL 只能根据分组中的 IP 源地址进行过滤。

■ **参考答案** （1）C

【考核方式 2】考核 ACL 应用到接口的基本命令。

● 将 ACL 应用到路由器接口的命令是__（1）__。

（1）A．[R0-Serial2/0/0]traffic-filter inbound acl 2000
B．[R0-Serial2/0/0]traffic-filter acl 2000 inbound
C．[R0-Serial2/0/0]traffic-policy 2000 inbound
D．[R0-Serial2/0/0]traffic-policy inbound 2000t

■ **试题分析** 应用 ACL 接口需要使用 traffic-filter 命令。

进入需要应用的接口，使用 traffic-filter 命令启动访问控制表。

■ **参考答案** （1）A

【考核方式 3】考核 ACL 的具体配置或者解释 ACL 的控制作用。

● 以下 ACL 语句中，含义为“允许 172.168.0.0/24 网段所有 PC 访问 10.1.0.10 中的 FTP 服务”的是__（1）__。

（1）A．rule 5 deny tcp source172.168.0.0 0.0.0.255 destination 10.1.0.10 0 eq ftp
B．rule 5 permit tcp source172.168.0.0 0.0.0.255 destination 10.1.0.l0 0 eq ftp
C．rule 5 deny tcp source 10.1.0.10 0 destination 172.168.0.0 0.0.0.255 eq ftp
D．rule 5 permit tcp source 10.1.0.10 0 destination 172.168.0.0 0.0.0.255 eq ftp

■ **试题分析** 针对 TCP 和 UDP 的扩展访问控制列表配置：

“允许 172.168.0.0/24 网段所有 PC 访问 10.1.0.10 中的 FTP 服务”说明 rule 中需要使用 permit 参数，源网络地址为 172.168.0.0 0.0.0.255，目标地址为 10.1.0.10。表示主机时，反掩码可以用“0”表示。在命令最后还应该添加 eq ftp，对允许协议进行限定。

■ **参考答案** （1）B

● 阅读以下说明，回答问题 1 至问题 3，将解答填入对应的解答栏内。

【说明】某公司网络结构如图 11-5 所示，通过在路由器上配置访问控制列表（ACL）来提高

内部网络和 Web 服务器的安全。

【问题 1】（2 分）

访问控制列表（ACL）对流入/流出路由器各端口的数据包进行过滤。ACL 按照其功能分为四种，其中__（1）__只能根据 IP 数据包的源地址进行过滤，__（2）__可以根据 IP 数据包的源地址、目标地址及端口号进行过滤。

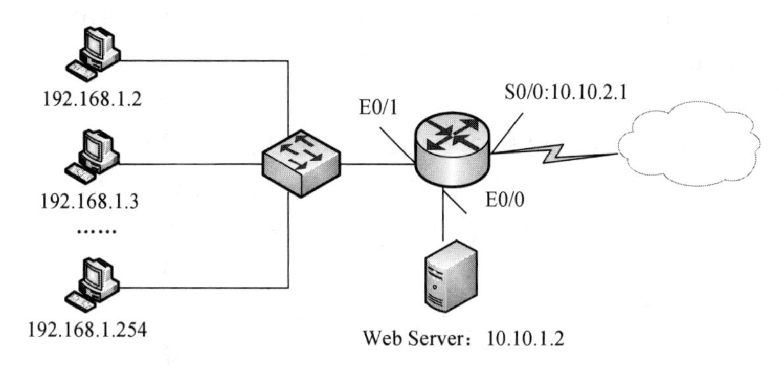

图 11-5　网络结构

【问题 2】（3 分）

根据图 11-6 的配置，补充完成下面路由器的配置命令：

```
[Router]interface __(3)__
[router-Ethernet0/0]ip address 10.10.1.1   255.255.255.0
[router-Ethernet0/0]undo shutdown
[router-Ethernet0/0]quit
[router] interface __(4)__
[router-Ethernet0/1] ip address 192.168.1.1   255.255.255.0
…
[router]interface __(5)__
[router-Serial0/0] ip address 10.10.2.1   255.255.255.0
…
```

【问题 3】（4 分）

补充完成下面的 ACL 语句，禁止内网用户 192.168.1.254 访问公司 Web 服务器和外网。

```
[router-acl-basic-2000] ruel 5 deny __(6)__
[router]interface ethernet 0/1
[router-Ethernet0/1]traffic-filter__(7)__acl 2000
[router]
```

■ 试题分析

【问题 1】（2 分，每空 1 分）

基本访问控制列表基于 IP 地址，列表取值 2000～2999，分析数据包的源地址决定允许还是拒绝数据报通过。

高级访问列表可以根据源地址、目标地址以及端口号进行过滤。

【问题 2】（3 分，每空 1 分）

通过配置语句 ip address 10.10.1.1　255.255.255.0 可知，该接口和服务器处于同一网段。推断 interface __（3）__ 是配置 Ethernet 0/0 口。

通过配置语句 ip address 192.168.1.1　255.255.255.0 可知，该接口和交换机连接 pc 处于同一网段。推断 interface __（4）__ 是配置 Ethernet 0/1 口。

通过配置语句 ip address 10.10.2.1　255.255.255.0 可知，该接口就是 Serial 0/0 口。推断 interface __（5）__ 是配置 Serial 0/0 口。

【问题 3】（4 分，每空 2 分）

题目规定“禁止内网用户 192.168.1.254 访问公司 Web 服务器和外网”即禁止 192.168.1.254 访问局域网外任何地址。因此第（6）空 ACL 应配置为 rule 5 deny **192.168.1.254**。

部署 ACL 如图 11-6 所示，可知该流量对路由器 E0/1 来说是流入的，所以第（7）空用 inbound。

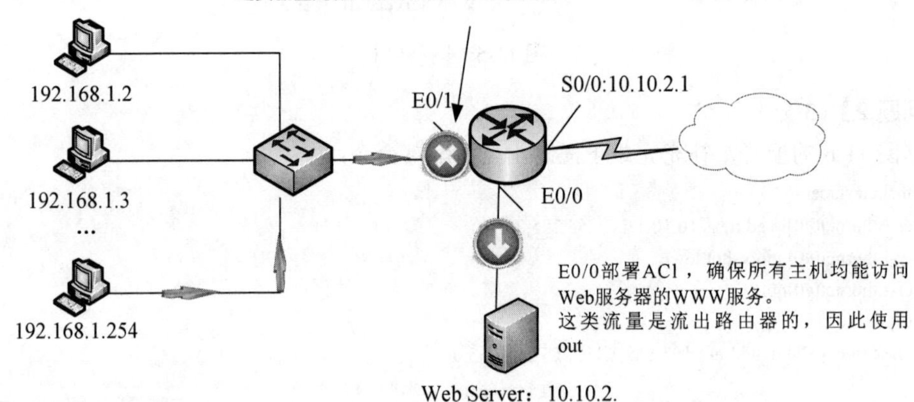

图 11-6　部署 ACL

■ **参考答案**

【问题 1】（2 分，每空 1 分）

（1）基本 ACL

（2）高级 ACL

【问题 2】（3 分，每空 1 分）

（3）Ethernet 0/0（E0/0）

（4）Ethernet 0/1（E0/1）

（5）Serial 0/0（S0/0）

【问题 3】（4 分，每空 2 分）

（6）192.168.1.254

（7）inbound

【考核方式 4】考核 ACL 配置。

● 阅读以下说明，回答问题 1 至问题 4，将解答填入答题纸对应的解答栏内。

【说明】某企业网络拓扑如图 11-7 所示，A～E 是网络设备的编号。

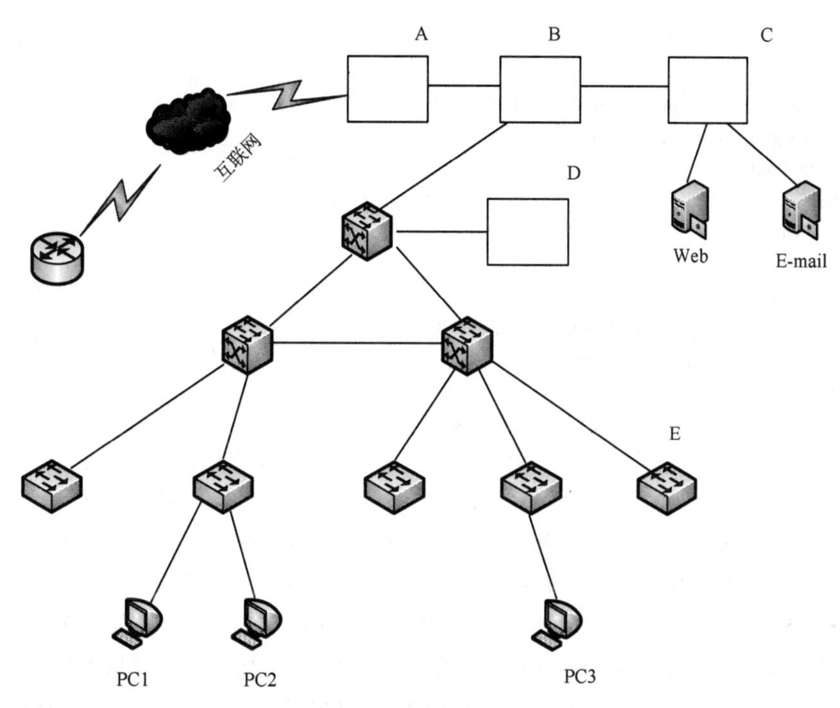

图 11-7 网络拓扑图

【问题 1】（每空 1 分，共 4 分）

根据图 11-7，将设备清单表 11-1 所示的内容补充完整。

表 11-1 设备清单

设备名	在图中的编号
防火墙 USG3000	（1）
路由器 AR2220	（2）
交换机 QUIDWAY3300	（3）
服务器 IBM X3500M5	（4）

■ 试题分析 这是一道相对比较简单的概念题，考查考生对企业园区网络的基本拓扑结构的了解。通常企业为了确保内部网络的安全，会在出口处设置防火墙。防火墙有 3 个区域：外网、内

网和隔离区（Demilitarized Zone，DMZ）。DMZ 通常用于存放各种服务器。因此首先可以选出 B 这个位置是防火墙；A 用于连接 Internet，是路由器。DMZ 区内部有多台服务器，需要使用交换机连接。在做本题时，可忽略给出的设备表中的型号，考生只需要知道在什么位置放置什么类型的设备即可。

■ **参考答案** （1）B　（2）A　（3）C　（4）D

【问题 2】（每空 2 分，共 4 分）

以下是 AR2220 的部分配置。

```
[AR2220]acl 2000
[AR2220-acl-2000]rule normal permit source 192.168.0.0 0.0.255.255
[AR2220-acl-2000]rule normal deny source any
[AR2220-acl-2000]quit
[AR2220]interface Ethernet0
[AR2220-Ethernet0]ip address 192.168.0.1 255.255.255.0
[AR2220-Ethernet0]quit
[AR2220]interface Ethernet1
[AR2220-Ethernet1]ip address 59.41.221.100 255.255.255.0
[AR2220-Ethernet1]nat outbound 2000 interface
[AR2220-Ethernet1]quit
[AR2220]ip route-static 0.0.0.0 0.0.0.0 59.74.221.254
```

设备 AR2220 应用__（5）__接口实现 NAT 功能，该接口地址的网关是__（6）__。

■ **试题分析** 华为的设备配置是在网络管理员考试中第一次考，在之前的考试大纲中没有给出相应的提示，绝大部分考生都没有准备这个方面的知识，但是从题目看来，其实根本不需要复习这部分知识，也可以准确地做出来。这里要注意不同厂商的设备有一些区别，考试只能以华为的设备为准。显然从[AR2220]interface Ethernet1 这条命令可以看到接下来的配置都是在 Ethernet1 接口下配置的。其中的 nat outbound 2000 interface 命令用来配置 NAT 地址池的转换策略，后面的 2000 是对应 ACL 的编号。因此 Ethernet1 接口就是实现 NAT 功能的。从[AR2220]ip route-static 0.0.0.0 0.0.0.0 59.74.221.254 命令可以看到，类似于 Cisco 的 IP ROUTE 0.0.0.0 0.0.0.0 59.74.221.254。表明这是增加一条默认静态路由，而 59.74.221.254 就是默认网关的地址。

■ **参考答案** （5）Ethernet 1　（6）59.74.221.254

【问题 3】（每空 2 分，共 6 分）

若只允许内网发起 ftp、http 连接，并且拒绝来自站点 2.2.2.11 的 Java Applets 报文。在 USG 3000 设备中有如下配置，请补充完整。

```
[USG3000]acl number 3000
[USG3000-acl-adv-3000] rule permit tcp destination-port eq www
[USG3000-acl-adv-3000] rule permit tcp destination-port eq ftp
[USG3000-acl-adv-3000] rule permit tcp destination-port eq ftp-data
[USG3000]acl number 2010
[USG3000-acl-basic-2010] rule__（7）__source 2.2.2.11.0.0.0.0
[USG3000-acl-basic-2010] rule permit source any
[USG3000]__（8）__interzone trust untrust
[USG3000-interzone-trust-untrust] packet-filter 3000__（9）__
```

```
[USG3000-interzone-trust-untrust] detect ftp
[USG3000-interzone-trust-untrust] detect http
[USG3000-interzone-trust-untrust] detect java-blocking 2010
```

（7）～（9）备选答案：

A．firewall　　B．trust　　C．deny

D．permit　　E．outbound　　F．inbound

■ 试题分析 这道题非常简单，只要考生有配置命令基础，完全可以自己凭经验做出来，而且题目也是以选择题的形式出现，因此更加容易。对于即使没有用过华为设备的考生来说，也是非常简单的。对照配置上下文中的基本命令关键词，大致可以推测出来第（7）空应该是 permit 或者 deny 之类的语句，结合题目的意思，可以知道应该是 deny。第（8）空相对难一点。从选项来看只有 A 或者 B 是比较合适的。而命令中已经有一个 trust 关键词了，因此最有可能是 A。实际上华为设备也是用 firewall 指令的。（9）空是进行包过滤，类似 Cisco 的 IN 和 OUT，那么只要知道对应接口上的数据流的方向即可。

■ 参考答案 （7）C　（8）A　（9）F

【问题 4】（每空 2 分，共 6 分）

PC-1、PC-2、PC-3 的网络设置见表 11-2。

表 11-2　PC-1、PC-2、PC-3 的网络设置

设备名	网络地址	网关	VLAN
PC-1	192.1682.2/24	192.168.2.1	VLAN100
PC-2	192.168.3.2/24	192.168.3.1	VLAN200
PC-3	192.168.4.2/24	192.168.4.1	VLAN300

通过配置 RIP，使得 PC-1、PC-2、PC-3 能相互访问，请补充设备 E 上的配置，或解释相关命令。

```
// 配置 E 上 vlan 路由接口地址
interface vlanif 300
ip address__（10）__255.255.255.0
interface vlanif 1000 //互通 VLAN
ip address 192.168.100.1 255.255.255.0
//配置 E 上的 rip 协议
rip
network 192.168.4.0
network__（11）__
int e0/1      //配置 E 上的 trunk //
Port link-type trunk //__（12）__
port trunk permit vlan all
```

■ 试题分析 这道题也是基本的配置，根据 Cisco 的命令格式基本可以推导出华为的配置命令。若不确定，也可以通过配置文件的上下文准确作出判断。由于下面的 interface vlanif 1000 接口

的配置命令与上面的命令是一致的，因此第（10）空只要从表中找到对应的设备接口和 IP 地址即可。此处是 192.168.4.1。

根据配置上下文，从上文的 network 命令中就可以推出第（11）空是一个网络地址。再从题目给出的示意图中找到 E 这个设备所在的位置和下面连接的 PC3，以及向上联接的互通 VLAN 的地址，可以知道设备 E 上还有一个网络就是 192.168.100.0。第（12）空从 Port link-type trunk 命令的字面意思即可知道是设置端口的链路类型为 trunk。

■ 参考答案 （10）192.168.4.1　（11）192.168.100.0　（12）设置接口的类型是 trunk

3．如图 11-8 所示，用基本 ACL 限制 FTP 访问权限，从给出的 Switch 的配置文件判断可以实现的策略是<u>（13）</u>。

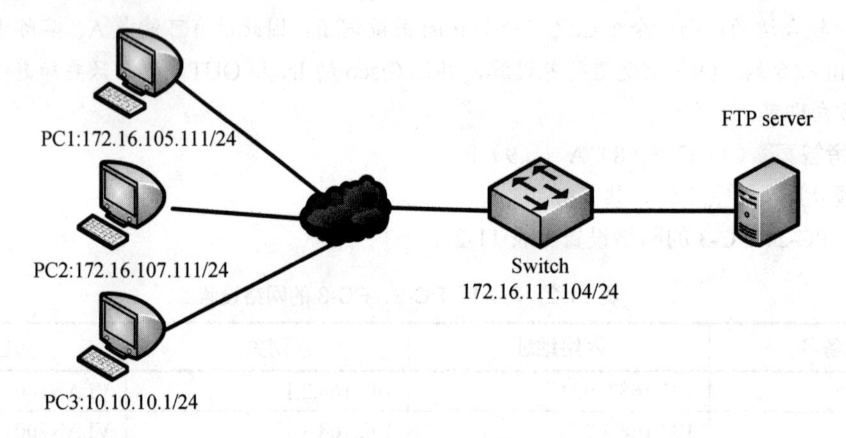

图 11-8　习题用图

①PC1 在任何时间都可以访问 FTP。

②PC2 在 2018 年的周一不能访问 FTP。

③PC2 在 2018 年的周六下午 3 点可以访问 FTP。

④PC3 在任何时间不能访问 FTP。

```
SwitchA 的配置
Sysname Switch
FTP server enable
FTP ACL 2001
Time-range ftp-access 14:00 to 18:00 off-day
Time-range ftp-access from 00:00   2018/111   to   23:59 2018/12/31
ACL number 2001

Rule 5 permit source   172.16.105.0 0.0.0.255
Rule 5 permit source   172.16.107.0 0.0.0.255 time-range ftp-access
Rule 15 deny
Aaa
Local-user huawei password irreversible-cipher
```

```
Local-user huawei privilege level15
Local-user huawei ftp-directory Flash:
Local-user huawei service-type ftp
Return
```

A．①②③④　　B．①②④　　C．②③　　D．①③④

■ **试题分析**　时间范围的定义是取多个时间范围的交集，本题中容易忽略③，其实其中的②和③两种说法并不冲突，这一点要注意。

■ **参考答案**　（13）A

【小结】下午的案例题型中，偶尔考到比较陌生的知识点，千万不要紧张，因为题目的考核形式不外乎命令选择和命令解释，偶尔考一次命令填空，整体来说这种题型考试相对比较稳定，大部分情况下考生都可以通过配置上下文和备选答案的选项判断出具体的命令。至于具体的参数则需要结合题目的意思，综合考虑。

知识点：路由表配置

知识点综述

路由器中路由表的相关配置主要包括如何查看路由表、添加新的静态路由信息、分析路由表相关参数等，其知识体系图谱如图 11-9 所示。

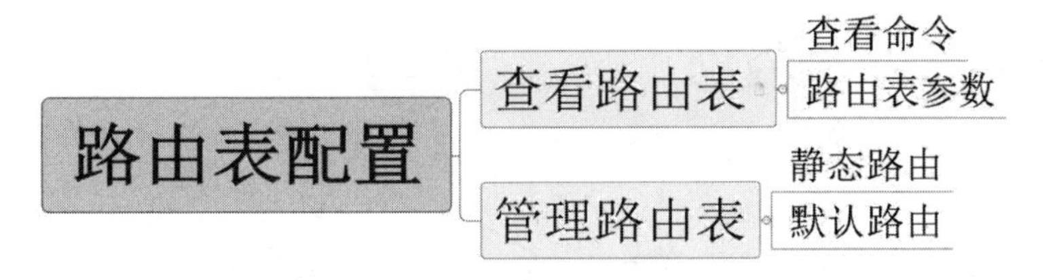

图 11-9　路由表配置知识体系图谱

参考题型

【考核方式 1】考核如何查看路由器中路由表的基本命令和相关参数。

● 若路由器显示的路由信息如下，则目标网络为 172.16.0.0/16 的路由信息是怎样得到的？（1）。

（1）A．串行口直接连接的　　B．由路由协议发现的
C．操作员手工配置的　　D．以太网端口直连的

■ **试题分析**　路由表第 2 列指出路由是通过哪种协议得到的。Direct 代表直连，RIP 代表是 RIP 协议。

```
       127.0.0.0/8   Direct  0    0        D   127.0.0.1       InLoopBack0
       127.0.0.1/32  Direct  0    0        D   127.0.0.1       InLoopBack0
127.255.255.255/32   Direct  0    0        D   127.0.0.1       InLoopBack0
      172.16.0.0/16  RIP     100  1        D   192.168.1.2     Serial2/0/0
                     RIP     100  1        D   192.168.0.2     GigabitEthernet
0/0/0
     192.168.0.0/24  Direct  0    0        D   192.168.0.1     GigabitEthernet
0/0/0
     192.168.0.1/32  Direct  0    0        D   127.0.0.1       GigabitEthernet
0/0/0
   192.168.0.255/32  Direct  0    0        D   127.0.0.1       GigabitEthernet
0/0/0
     192.168.1.0/24  Direct  0    0        D   192.168.1.1     Serial2/0/0
     192.168.1.1/32  Direct  0    0        D   127.0.0.1       Serial2/0/0
     192.168.1.2/32  Direct  0    0        D   192.168.1.2     Serial2/0/0
   192.168.1.255/32  Direct  0    0        D   127.0.0.1       Serial2/0/0
255.255.255.255/32   Direct  0    0        D   127.0.0.1       InLoopBack0
```

■ **参考答案** （1）B

【考核方式 2】考核路由表管理的基本命令。

- 某网络拓扑如下图所示，在主机 Host1 上设置默认路由的命令为__（1）__，在主机 Host1 上增加一条到服务器 Server1 主机路由的命令为__（2）__。

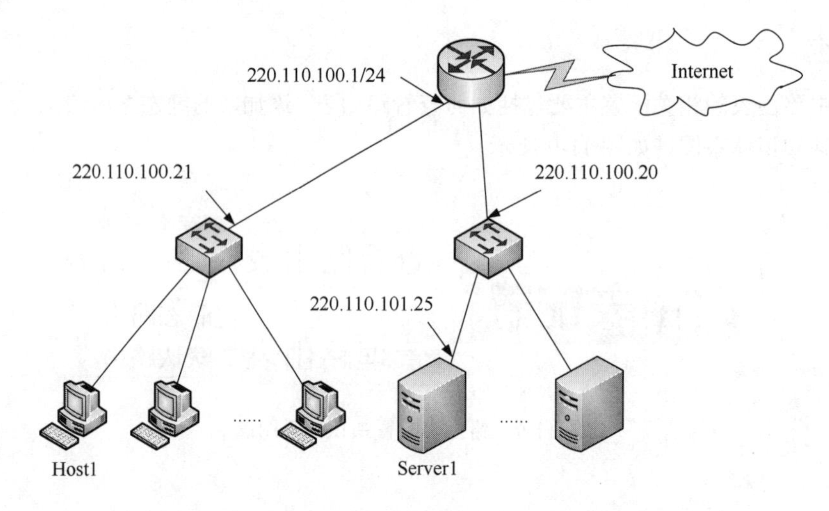

（1）A．route add 0.0.0.0 mask 0.0.0.0 220.110.100.1
　　B．add 220.110.100.100.1 0.0.0.0 mask 0.0.0.0
　　C．add route 0.0.0.0 mask 0.0.0.0 220.110.100.1
　　D．add route 220.110.100.10.0.0.0 mask 0.0.0.0

（2）A．add route 220.110.100.1 220.110.101.25 mask 255.255.255.0
　　B．route add 220.110.101.25 mask 255.255.255.0 220.110.100.1
　　C．route add 220.110.101.25 mask 255.255.255.255 220.110.100.1
　　D．add route 220.110.100.1 220.110.101.25 mask 255.255.255.255

■ **试题分析** route add 用于向系统当前的路由表中添加一条新的路由表条目。

route add 应用示例:

> C:\ **route add** 210.43.230.33 **mask** 255.255.255.224 202.103.123.7 **metric** 5
>
> 设定一个到目的网络 210.43.230.33 的路由，中间要经过 5 个路由器网段。首先要经过本地网络上的一个路由器，其 IP 为 202.103.123.7，子网掩码为 255.255.255.224。

■ **参考答案** （1）A （2）C

【考核方式 3】考核路由表分析、推导的基本技能。

● 网络配置如下图所示。

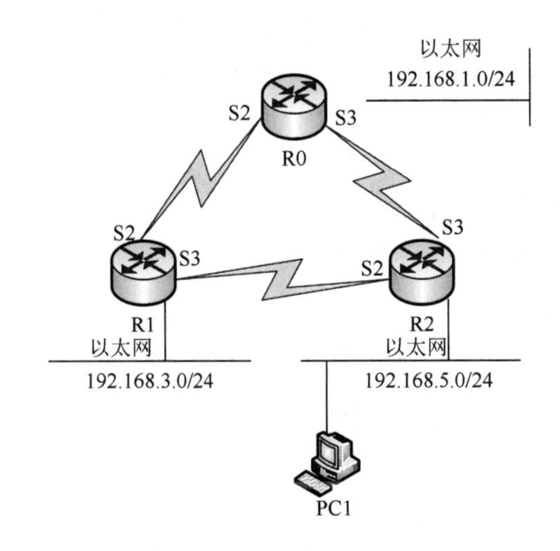

● 其中某设备路由表信息如下：

```
[router]disp ip routing-table
Route Flags: R - relay, D - download to fib
------------------------------------------------------------------------------
Routing Tables: Public
Destinations : 10          Routes : 10

Destination/Mask   Proto   Pre   Cost   Flags   NextHop        Interface
192.168.1.0/24     Direct  0     0      D       10.0.123.1     Ethernet0/0
192.168.3.0/24     RIP     0     1      D       192.168.65.2   Serial2/0
192.168.5.0/24     RIP     0     2      D       192.168.65.2   Serial2/0
192.168.65.0/24    Direct  0     0      D       127.0.0.1      Serial2/0
192.168.67.0/24    Direct  0     0      D       127.0.0.1      Serial3/0
192.168.69.0/24    RIP     0     1      D       192.168.65.2   Serial2/0
```

则该设备为<u>（1）</u>，从该设备到 PC1 经历的路径为<u>（2）</u>。路由器 R2 接口 S2 可能的 IP 地址为<u>（3）</u>。

（1）A．路由器 R0　　B．路由器 R1　　C．路由器 R2　　D．计算机 PC1

（2）A．R0→R2→PC1　　B．R0→R1→R2→PC1

C．R1→R0→PC1　　D．R2→PC1

（3）A．192.168.69.2　　B．192.168.65.2

C．192.168.67.2　　D．192.168.5.2

■ **试题分析** 其中某设备路由表信息如下：

192.168.1.0/24	Direct	0	0	D	10.0.123.1	Ethernet0/0

表示 192.168.1.0/24 是 Ethernet0/0 直连网段。

192.168.3.0/24	RIP	0	1	D	192.168.65.2	Serial2/0

表示通过 Serial2/0 路由可达 192.168.3.0/24 网络。

注意设备路由表中第 2 列的信息所表示的意思即可。

从网络配置图中可以知道，192.168.1.0/24 网段仅与 R0 直连，可以判定该路由信息是路由器 R0 的路由信息。

求路由器 R0 到 PC1 的路径：R0 的路由信息"192.168.5.0/24 RIP 0 2 D 192.168.65.2 Serial2/0"提示到达 192.168.5.0/24，要通过 Serial2/0 口。

所以 R0→PC1 的路径为 R0→R1→R2→PC1。

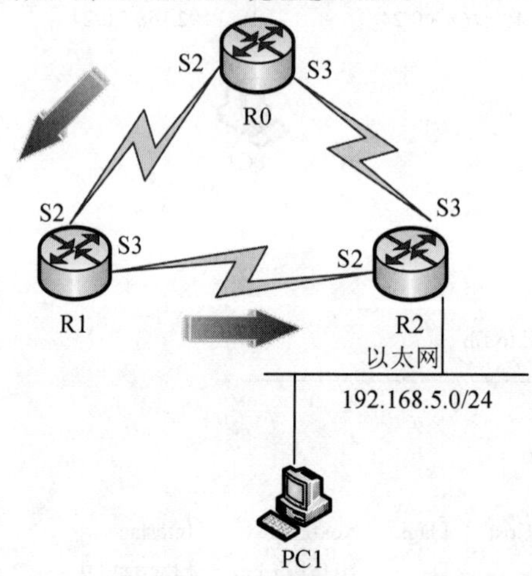

从路由信息得到 R0 直连网段（Direct 标志）有 192.168.1.0/24、192.168.65.0/24、192.168.67.0/24。

从拓扑图可以看出，R1 以太口直连网段：192.168.3.0/24；R2 以太口直连网段：192.168.5.0/24。所以，路由器 R2 接口 S2 可能的 IP 地址为 192.168.69.2。

■ **参考答案** （1）A　（2）B　（3）A

课堂练习

- 路由器命令 disp ip routing 的作用是__（1）__。

  （1）A．显示路由信息　　B．配置默认路由

  C．激活路由器端口　　D．启动路由配置

- 阅读以下说明，回答问题，将解答填入对应的解答栏内。

  【说明】某单位采用双出口网络，其网络拓扑结构如图 11-10 所示。

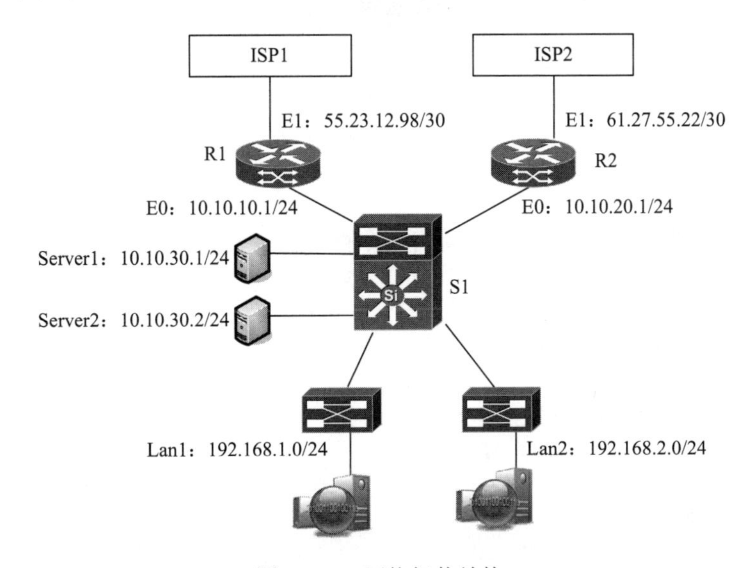

图 11-10　网络拓扑结构

该单位根据实际需要配置网络出口，实现如下功能：

（1）单位网内用户访问 IP 地址 158.124.0.0/15 和 158.153.208.0/20 时，出口经 ISP2。

（2）单位网内用户访问其他 IP 地址时，出口经 ISP1。

（3）服务器通过 ISP2 线路为外部提供服务。

【问题】（5 分）

在该单位的三层交换机 S1 上，根据上述要求完成静态路由配置。

```
ip route-static  (1)  （设置默认路由）
ip route-static 158.124.0.0  (2)  (3)  （设置静态路由）
ip route-static 158.153.208.0  (4)  (5)  （设置静态路由）
```

- 阅读以下说明，回答问题 1 至问题 3，将解答填入对应的解答栏内。

  【说明】某公司业务网络拓扑结构如图 11-11 所示，区域 A 和区域 B 通过四台交换机相连。为了能够充分地使用带宽，网络管理员计划在区域 A 和区域 B 之间的数据通信使用负载均衡来提高网络的性能。网络接口及 VLAN 划分如图 11-11 所示。

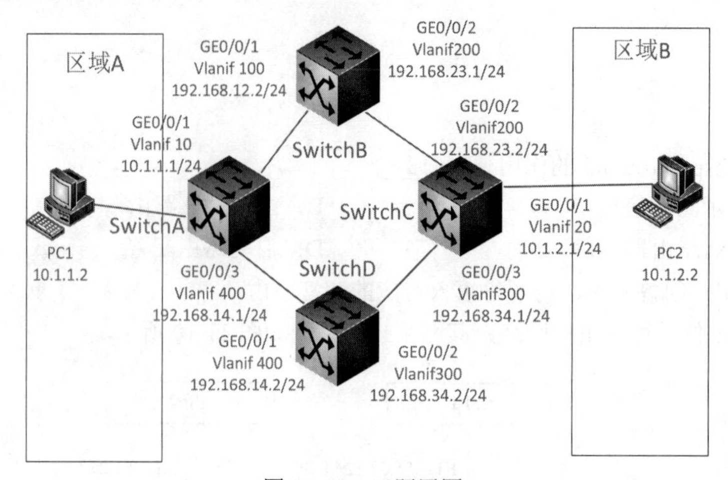

图 11-11　习题用图

【问题 1】(11 分)

在 SwitchA 上配置的命令片段如下，请将命令补充完整。

```
<HUAWEI>___(1)___
[ HUAWEI]___(2)___SwitchA
[SwitchA]Vlan___(3)___10 100 400
[SwitchA]interface gigabitethernet 0/0/1
[SwitchA-gigabitethernet0/0/1] port___(4)___access
[SwitchA-gigabitethernet0/0/1]port default___(5)___
[SwitchA-gigabitethernet0/0/1]quit
[SwitchA]interface gigabitethernet 0/0/2
[SwitchA-gigabitethernet0/0/2] port link-type___(6)___
[SwitchA-gigabitethernet0/0/2]port trunk allow-pass vlan___(7)___
[SwitchA-gigabitethernet0/0/2]quit
[SwitchA]interface gigabitethernet 0/0/3
[SwitchA-gigabitethernet0/0/3] port link-type trunk
[SwitchA-gigabitethernet0/0/3] port trunk allow-pass vlan___(8)___
[SwitchA-gigabitethernet0/0/3]quit
[SwitchA]interface vlanif 10
[SwitchA-vlanif 10] ip address___(9)___
[SwitchA-vlanif 10] quit
[SwitchA]interface vlanif 100
[SwitchA-vlanif 100] ip address___(10)___
[SwitchA-vlanif 100] quit
[SwitchA]interface vlanif 400
[SwitchA-vlanif 400] ip address___(11)___
[SwitchA-vlanif 400] quit
```

【问题 2】(4 分)

若在 SwitchA 和 SwitchC 上配置等价的静态路由，请将下列配置补充完整。

```
[SwitchA] ip route-static  （12）  192.168.12.2
[SwitchA] ip route-static 10.1.2.0 24  （13）
[SwitchC] ip route-static  （14）  192.168.23.1
[SwitchC] ip route-static 10.1.1.0 24  （15）
```

【问题 3】（3 分）

（1）若以区域 A→区域 B 为去程，在 SwitchB 和 SwitchD 上是否需要配置回程的静态路由?

（2）请分别给出 SwitchB 和 SwitchD 上的回程静态路由配置。

● 阅读以下说明，回答问题 1 至问题 3，将解答填入对应的解答栏内。

【说明】如图 11-12 所示，某公司拥有多个部门且位于不同网段，各部门均有访问 Internet 的需求，网络规划见表 11-3。

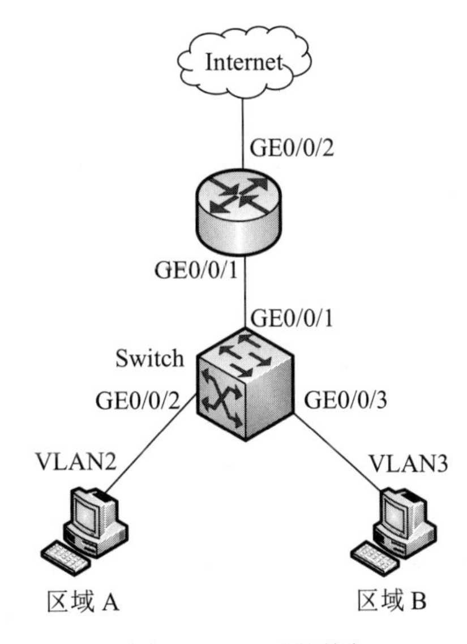

图 11-12 习题用图

表 11-3 网络规划

操作	准备项	数据	说明
VLAN	端口类型	连接路由器的端口与连接 PC 的端口均设置为 access	三层交换机 Switch 作为用户接入网关，通过 Vlanif 和接口，实现跨网段用户互访
	VLANID	Vlanif2：192.168.1.1 Vlanif3：192.168.2.1 Vlanif100：192.168.100.2	将部门 A 划到 Vlanif2，部门 B 划到 Vlanif3，Switch 与 Router 的互联接口划入 VLAN 100
	DHCP Server	Switch	使用接口地址池方式分配用户地址
	NAT	Router	在接口 GE0/0/2 的出方向进行转换，只对源 IP 地址 192.168.0.0/16 的网段生效

续表

操作	准备项	数据	说明
配置出口路由器	公网接口 IP 地址	GE0/0/2	GE0/0/2 为出口路由器连接 Internet 的接口
	公网网关	200.0.0.1/30	该地址是与出口路由器对接的运营商设备 IP 地址
	DNS 地址	114.114.114.114 223.5.5.5	
	内网接口 IP 地址	GE0/0/1:192.168.100.1/24	连接对端 Switch 的接口地址是：192.168.100.1/24

【问题 1】（每空 1 分，共 6 分）请将网络规划表中给出的地址填入下列对应的命令片段中。

配置交换机：

#配置连接用户的接口和对应的 Vlanif 接口。

```
<HUAWEI>system-view
[HUAWEI]sysname Switch
[Switch]vlan batch 2 3
[Switch]interface gigabitethernet 0/0/2
[Switch-GigabitEthernet0/0/2]port link-type access
[Switch-GigabitEthernet0/0/2]port default vlan 2
[Switch-GigabitEthernet0/0/2]quit
[Switch]interface vlanif  2
[Switch-Vlanif2]ip address__（1）__24
[Switch-Vlanif2]quit
[Switch]interface vlanif  3
[Switch-Vlanif3]ip address__（2）__24
[Switch-Vlanif3]quit
[Switch]vlanbatch100
[Switch]interface gigabitethernet0/0/1
[Switch-GigabitEthernet0/0/1]port link-type access
[Switch-GigabitEthernet0/0/1]port default vlan100
[Switch-GigabitEthernet0/0/1]quit
[Switch]interface vlanif 100
[Switch-Vlanif100]ip address__（3）__24
[Switch-Vlanif100]quit
```

#配置 DHCP 服务器。

```
[Switch]dhcp enable
[Switch]interface vlanif 2
[Switch-Vlanif2]dhcp select interface
[Switch-Vlanif2]dhcp server DNS-list__（4）__
[Switch-Vlanif2]quit
```

配置路由器：

#配置连接交换机的接口对应的 IP 地址。

```
<Huawei>system-view
[Huawei]sysname Router
[Router]interface gigabitethernet0/0/1
[Router-GigabitEthernet0/0/1]ip address__(5)__24
[Router-GigabitEthernet0/0/1]quit
```

#配置连接公网的接口对应的 IP 地址。

```
[Router]interfacegigabitethernet0/0/2
[Router-GigabitEthernet0/0/2]ip address__(6)__
[Router-GigabitEthernet0/0/2]quit
```

【问题 2】（每空 2 分，共 6 分）

在 Router 配置两条路由，其中静态缺省路由下一跳指向公网的接口地址是__（7）__，回程路由指向交换机的接口地址是__（8）__。需要在 Switch 配置一条静态缺省路由，下一跳指向的接口地址是__（9）__。

【问题 3】（每空 2 分，共 8 分）

在该网络中，给 Router 设备配置__（10）__功能，使内网用户可以访问外网，转换后的地址是__（11）__。在该网络的规划中，为减少投资，可以将接入交换机换成二层设备，需要将__（12）__作为用户的网关，配置 Vlanif 接口实现跨网段的__（13）__层转发。

试题分析

试题 1 分析：这是一个基本命令，但是容易被忽略。display ip routing-table 就是查看路由表的命令，题干用的是这个命令的缩写 display ip routing。

■ 参考答案　（1）A

试题 2 分析：

【问题】（5 分）

静态路由配置就是指定某一网络访问所需要经过的路径。其中最关键的配置语句是：

> [Switch]**ip route-static** ip-address subnet-mask gateway
> ip-address 为目标网络的网络地址，subnet-mask 为子网掩码，gateway 为网关。其中网关处的 IP 地址则说明了路由的下一站

默认路由是一种特殊的静态路由。

题干给出“（2）单位网内用户访问其他 IP 地址时，出口经 ISP1”，因此默认路由应该是去往 ISP1。而路由器 R1 的 E0 接口与交换机 S1 连接，而 E0 口地址为 10.10.10.1。所以默认地址应该设置为 **ip address 0.0.0.0 0.0.0.0 10.10.10.1**。

题干给出“（1）单位网内用户访问 IP 地址 158.124.0.0/15（即 158.124.0.0255.254.0.0）和

158.153.208.0/20（即 158.153.208.0255.255.240.0）时，出口经 ISP2”，所以，应设置两条静态路由来保证。即

ip route-static 158.124.0.0 255.254.0.0　10.10.20.1（设置静态路由）

ip route-static 158.153.208.0 255.255.240.0　10.10.20.1（设置静态路由）

更详细的静态路由配置参见朱小平老师编著的《网络管理员 5 天修炼》一书。

■ 参考答案

【问题】（5 分，各 1 分）

（1）0.0.0.0　0.0.0.0　10.10.10.1　　（2）255.254.0.0

（3）10.10.20.1　　（4）255.255.240.0

（5）10.10.20.1

试题 3 分析：

【问题 1】这是华为设备命令配置基本题型，需要掌握基本的配置命令和参数。通常可以从配置的上下文中获得重要信息。第（1）空从交换机的上下文提示符就可知是 system-view。第（2）空根据上下文可知是修改交换机的主机名，使用的 sysname 命令。第（3）空根据命令来看，是批量创建 VLAN。批量创建 VLAN 的命令是 vlan batch xxx ，因此这一空是 batch。

第（4）空根据前面的 port 和后面的 access 可知是设置端口的类型为 access。这个命令是 port link-type access，因此第（4）空是 link-type。第（5）空的 port default 用于设置这个端口所在的 VLAN，从拓扑图中可以看到 SwitchA 的 Ge0/0/1 端口连接的 PC 所在的 VLAN 是 VLAN 10，因此是 VLAN 10。

第（6）空根据下一个配置命令是 port trunk 可以知道，首先要求这个端口的类型是 trunk。因此第（6）空是 trunk。

第（7）空是要指定 allow-pass VLAN 后面的 VlAN 编号，而从拓扑图中可以看到 GE0/0/2 接口对应的 VLAN 是 VLAN 100，因此必须允许这个 VLAN 的数据通过。

第（8）空是与上一题的原理一样，从拓扑图可以看到 Ge0/0/3 对应的 VLAN 是 VLAN 400，因此需要允许 VLAN 400 的数据通过。

第（9）空是设置 VLAN 10 接口的 IP 地址，这个地址可以从拓扑图中找到是 10.1.1.1，掩码是 255.255.255.0，这里有两种写法都是可以的，一种是 ip add 10.1.1.1 24，另一种是写成掩码的形式。

第（10）～（11）空都是同样的原理，从拓扑图中可以找到接口对应的 IP 地址。

■ 参考答案

（1）system-view

（2）sysname

（3）batch

（4）link-type

（5）VLAN 10

（6）trunk

（7）100

（8）400

（9）10.1.1.1 24

（10）192.168.12.1　24

（11）192.168.14.1　24

【问题 2】在 SwitchA 和 SwitchC 上配置等价的静态路由，意思就是在 SwitchA 上，配置到达对端的网络 10.1.2.0 255.255.255.0，这个网络从 SwitchB 和 SwitchD 两个交换机都可以通过，因此需要设置两条到达 10.1.2.0 网络的静态路由。因此第(12)空是 10.1.2.0 24;第(13)空是 192.168.14.2。

对于交换机 C 而言，所要进行的配置是类似的，第（13）、（14）空只要修改相应的参数即可。

■ 参考答案

（12）10.1.2.0 24

（13）192.168.14.2

（14）10.1.1.0 24

（15）192.168.34.2

【问题 3】在网络中，数据通信是双向的，有出去的路由，就必须要有回程路由，否则数据就不能正确地返回客户端。

要配置静态路由，需要使用设置静态路由的命令 ip route-static<目标网络号><目的网络子网掩码><下一跳地址>这条命令设置正确的静态路由。在 SwitchB 上，回程路由的方向是区域 B 指向区域 A，因此目标网络是区域 A，对应的地址段是 10.1.1.0 24。对应的下一跳地址是 SwitchA 的 GE0/0/2 接口的地址 192.168.12.1。因此使用的命令应该是 ip route-static 10.1.1.0 24 192.168 .12 .1。

同理，在 SwitchD 上的设置目标地址段还是区域 A，下一跳接口的地址是 SwitchA 的 GE0/0/3，对应的地址是 192.168.14.1。

■ 参考答案

（1）需要

（2）[SwitchB] ip route-static 10.1.1.0 24 192.168 .12 .1

　　[SwitchD] ip route-static 10.1.1.0 24 192.168 .14 .1

试题 4 分析：

【问题 1】本题看上去感觉很复杂，实际考查的内容很简单，主要是根据地址规划表中的相关地址信息，写入到配置文件对应的位置。第（1）空在配置中需要填入 Switch 的 Vlanif 2 接口的 IP 地址，查地址规划表可以知道是 192.168.1.1。

第（2）、（3）空也可以同样根据第（1）空的方法，在地址规划表中找到 Vlanif 3 和 Vlanif 100 的 IP 地址分别是 192.168.2.1 和 192.168.100.2。

第（4）空根据配置命令 DHCP server DNS-list 可以确定是给 DHCP 客户指定 DNS 服务器，因此可以根据地址规划表中的 DNS 服务器地址写入 114.114.114.114 和 223.5.5.5。根据华为的配置命令，后面的 DNS-list 可以只写一个地址，也可以写多个地址，中间用空格隔开即可。

第（5）、（6）空是找 Router 的 GigabitEthernet0/0/1 接口和 GigabitEthernet0/0/2 接口的 IP 地址，

其中 GE0/0/1 是内网接口，地址是 192.168.100.1；GE0/0/2 是外网接口，地址表中并没有这个接口的 IP 地址，但是由题可知公网网关的地址是 200.0.0.1/30，只需要经过简单的 IP 地址计算即可知道，这个/30 的掩码对应的网络只有 4 个 IP 地址，其中可用主机地址只有 200.0.0.1 和 200.0.0.2，网关已经使用了一个地址，显然本机的接口地址只能使用 200.0.0.2 了。

■ **参考答案** （1）192.168.1.1　（2）192.168.2.1　（3）192.168.100.2

（4）114.114.114.114 223.5.5.5　（5）192.168.100.1　（6）200.0.0.2

【问题 2】静态缺省路由的配置其实就是一种特殊的静态路由，目标网络是固定的 0.0.0.0 0.0.0.0，下一跳地址就是网关的地址，题干中已经指出了网关地址是 200.0.0.1，因此第（7）空就是 200.0.0.1。由于数据需要进行双向通信，因此静态路由配置中需要指定双向路由，也就是必须指定回程路由，下一跳地址是对端设备的接口地址，与该路由器对接的设备是 Switch 的 Vlanif 100，对应的 IP 地址是 192.168.100.2。同样也需要在 Switch 配置一条静态缺省路由，下一跳指向与之互联的路由器的对端接口地址，即路由器的内网接口 GE0/0/1 接口 IP 地址 192.168.100.1。

■ **参考答案** （7）200.0.0.1　（8）192.168.100.2　（9）192.168.100.1

【问题 3】第（10）、（11）空是基本概念题，内网用户通常使用私有地址，当其需要访问外网时，必须配置 NAT，NAT 转换后的地址是路由器连接互联网的接口 IP 地址，根据问题 1 中的分析知道，这个接口地址是 200.0.0.2。

第（12）空，在网络的规划中，可以将接入交换机换成二层设备，但是二层设备不能支持三层地址，所以这个用户网关不能设置在二层设备上，只能找三层设备作为网关，本题中的三层设备就只有路由器。第（13）空，因为路由器的物理接口数量少，为了实现跨网段的数据转发，通常配置 Vlanif 接口。利用 Vlanif 接口的三层特性，实现三层转发。

■ **参考答案** （10）NAT 或者网络地址转换　（11）200.0.0.2

（12）路由器或者 Router　（13）三

第12章 网络安全

知识点图谱与考点分析

网络安全技术是网络应用中的一个非常重要的技术，涉及的知识面也比较广，包括基本的安全概念、摘要函数、病毒及网络安全协议等几个部分。在上午卷的考试中主要考查一些基本概念，下午卷中偶尔考到概念。本章的知识体系图谱如图 12-1 所示。

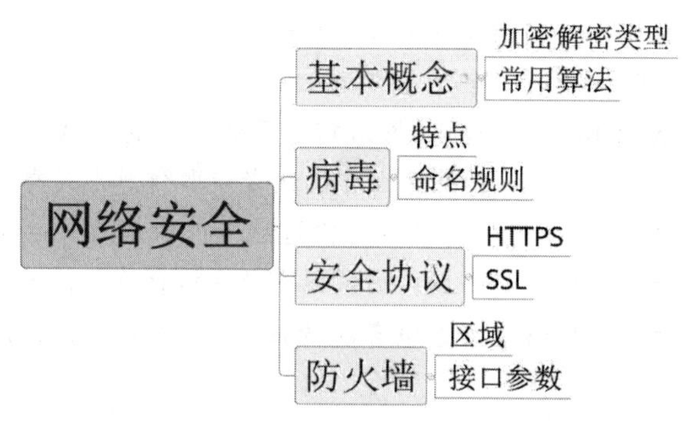

图 12-1　网络安全知识体系图谱

知识点：网络安全基本概念

知识点综述

网络安全是网络的重要基础，主要涉及的考点是网络安全的基本概念、加密解密算法和摘要算法等。本知识点的体系图谱如图 12-2 所示。

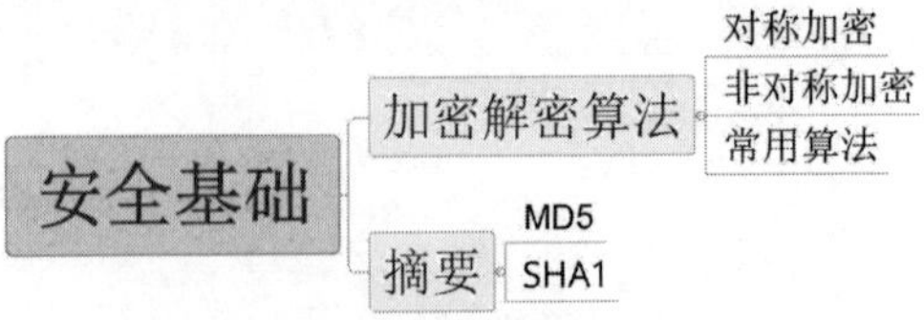

安全基础
- 加密解密算法
  - 对称加密
  - 非对称加密
  - 常用算法
- 摘要
  - MD5
  - SHA1

图 12-2　安全算法知识体系图谱

参考题型

【考核方式 1】考核网络安全的基本概念。

● 下列攻击行为中，__（1）__属于被动攻击行为。

（1）A．伪造　　B．窃听　　C．DDoS 攻击　　D．篡改消息

■ **试题分析** 伪造，篡改报文和分布式拒绝服务攻击（Distributed Denial of Service，DDoS）会影响系统的正常工作，属于主动攻击，而窃听不影响系统的正常工作流程，属于被动攻击。

■ **参考答案** （1）B

● 网络安全基本要素中，数据完整性是指__（2）__。

（2）A．确保信息不暴露给未授权的实体或进程

B．确保接收到的数据与发送的一致

C．可以控制授权范围内信息流向及行为方式

D．对出现的网络安全问题提供调查依据和手段

■ **试题分析** 本题考查信息安全的基本属性，其中，机密性（Confidentiality）、完整性（Integrity）、可用性（Availability）被称为网络信息系统核心的 CIA 安全属性。机密性是指网络信息不泄露给非授权的用户、实体，能够防止非授权者获取信息。完整性是指网络信息或系统未经授权不能进行改变的特性，即信息在存储或传输过程中保持不被修改、不被破坏和丢失的特性。也就是要确保接收到的数据与发送的一致，如果不一致，接收方要能发现这种改变。可用性是指合法许可的用户能够及时获取网络信息或服务的特征，即可授权实体或用户访问并按要求使用信息的特性。

■ **参考答案** （2）B

● 在数字签名过程中，发送方使用__（3）__对摘要信息进行签名。

（3）A．自己的私钥　　B．自己的公钥　　C．接收方的私钥　　D．接收方的公钥

■ **试题分析** 数字签名过程，实际上就是利用公开密钥密码算法进行加密和解密的过程，签名时，发送方使用自己的私钥对摘要进行加密，也就是签名。接收方验证签名时，可以使用发送方的公钥对已签名的数据进行解密，如果能正确解密，则认为签名数据是公钥的持有人进行签名的。

■ **参考答案** （3）A

【考核方式2】考核常见安全算法的分类。

● 数字签名首先产生消息摘要，然后对摘要进行加密传送。产生摘要的算法是__（1）__，加密的算法是__（2）__。

（1）A. SHA-1　　B. RSA　　C. DES　　D. 3DES

（2）A. SHA-1　　B. RSA　　C. DES　　D. 3DES

■ **试题分析** 消息摘要算法采用“单向函数”，即只能从输入数据得到输出数据，无法从输出数据得到输入数据。常见的报文摘要算法有安全散列标准SHA-1、MD5系列标准。

1）SHA-1。安全Hash算法（SHA-1）也是基于MD5的，使用一个标准把信息分为512比特的分组，并且创建一个160比特的摘要。

2）MD5。消息摘要算法5（MD5），把信息分为512比特的分组，并且创建一个128比特的摘要。

加密密钥和解密密钥相同的算法，称为对称加密算法。对称加密算法相对非对称加密算法来说，加密的效率高，适合大量数据加密。常见的对称加密算法有数据加密标准（Data Encryption Standard，DES）、三重数据加密算法（Triple Data Encryption Algorithrn，3DES）、RC5、IDEA、RC4等。常见的非对称加密算法有RSA。在使用数字签名时，通常使用公开密钥密码算法对摘要数据进行加密。

■ **参考答案** （1）A　（2）B

知识点：病毒

知识点综述

病毒是信息安全的一个重要威胁，因此需要掌握一些病毒的基本概念，如病毒的特性等。本知识点体系图谱如图12-3所示。

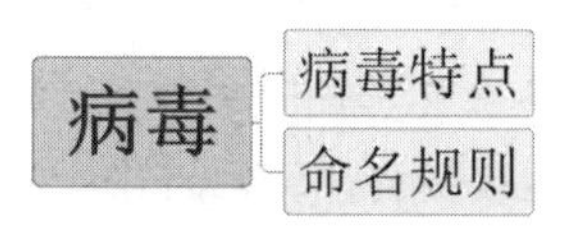

图12-3　病毒知识体系图谱

参考题型

【考核方式】考核病毒的特征与防护。

● 以下哪项措施不能减少和防范计算机病毒？__（1）__。

（1）A. 安装、升级杀毒软件　　B. 下载安装系统补丁

C. 定期备份数据文件　　D. 避免U盘交叉使用

■ **试题分析** 定期备份数据文件是一种日常运维的基本工作，主要用于保证数据的可靠性，与计算机病毒无关。

■ 参考答案 （1）C

● 计算机病毒的特征不包括＿（2）＿。

（2）A．传染性　　B．触发性　　C．隐蔽性　　D．自毁性

■ 试题分析 计算机病毒的六大特征是：

1）繁殖性。计算机病毒可以像生物病毒一样进行繁殖，当正常程序运行时，它也进行自身复制，是否具有繁殖、感染的特征是判断某段程序为计算机病毒的首要条件。

2）破坏性。计算机中毒后，可能会导致正常的程序无法运行，把计算机内的文件删除或受到不同程度的损坏。破坏引导扇区及基本输入输出系统（Basic Input Output System，BIOS），硬件环境破坏。

3）传染性。计算机病毒的传染性是指计算机病毒通过修改别的程序将自身的复制品或其变体传染到其他无毒的对象上，这些对象可以是一个程序也可以是系统中的某一个部件。

4）潜伏性。计算机病毒的潜伏性是指计算机病毒拥有可以依附于其他媒体寄生的能力，侵入后的病毒潜伏到条件成熟才发作，会使电脑变慢。

5）隐蔽性。计算机病毒具有很强的隐蔽性，可以通过病毒软件检查出来少数，隐蔽性计算机病毒时隐时现、变化无常，这类病毒处理起来非常困难。

6）可触发性。编制计算机病毒的人，一般都为病毒程序设定了一些触发条件，例如，系统时钟的某个时间或日期、系统运行了某些程序等。一旦条件满足，计算机病毒就会“发作”，使系统遭到破坏。

■ 参考答案 （2）D

● 以下关于特洛伊木马程序的描述中，错误的是＿（3）＿。

（3）A．黑客通过特洛伊木马可以远程控制别人的计算机

B．其目的是在目标计算机上执行一些事先约定的操作，比如窃取口令等

C．木马程序会自我繁殖、刻意感染其他程序或文件

D．特洛伊木马程序一般分为服务器端（Server）和客户端（Client）

■ 试题分析 木马是利用计算机程序漏洞侵入后窃取信息的程序，这个程序往往伪装成善意的、无危害的程序。但是其实质是具备破坏和删除文件、发送密码、记录键盘和攻击 DoS 等特殊功能的后门程序，是计算机黑客用于远程控制计算机的程序。一个完整的木马程序通常由两部分组成：服务器端和控制器端（客户端）。

■ 参考答案 （3）C

● 2017 年 5 月，全球十几万台电脑受到勒索病毒（WannaCry）的攻击，电脑被感染后文件会被加密锁定，从而勒索钱财。在该病毒中，黑客利用＿（4）＿实现攻击，并要求以＿（5）＿方式支付。

（4）A．Windows 漏洞　　B．用户弱口令　　C．缓冲区溢出　　D．特定网站

（5）A．现金　　B．微信　　C．支付宝　　D．比特币

■ 试题分析 勒索病毒是一种基于 Windows 系统漏洞的新型电脑病毒，主要以邮件、程序木马的形式进行传播。感染勒索病毒的计算机中的文档会被加密，导致用户无法使用。勒索者通过索要比特币的方式敛财。

■ 参考答案 （4）A　（5）D

知识点：安全应用协议

知识点综述

网络安全应用协议是网络安全技术应用的具体表现，在网络管理员考试中主要考查的是几种常见的安全协议，如 HTTPS、SSL 的特点。本知识点的体系图谱如图 12-4 所示。

图 12-4 安全应用协议知识体系图谱

参考题型

【考核方式 1】考核 HTTPS，SSL 的基本概念。

● 下面关于 HTTPS 的描述中，错误的是__（1）__。

（1）A．HTTPS 是安全的超文本传输协议

B．HTTPS 是 HTTP 和 SSL/TLS 的组合

C．HTTPS 和 SHTTP 是同一个协议的不同简称

D．HTTPS 服务器端使用的缺省 TCP 端口是 443

■ **试题分析** HTTPS 协议主要是基于 SSL 协议的一种应用，而 SHTTP 是安全的 HTTP 协议，这两个协议是完全不同的协议。

■ **参考答案** （1）C

知识点：防火墙与入侵检测

知识点综述

网络防火墙 USG 系列的相关配置在网络管理员考试中是一个重要的考点，要求考生掌握防火墙的基本配置，包括接口命名、接口参数、地址池定义、地址映射和协议配置。本知识点的体系图谱如图 12-5 所示。

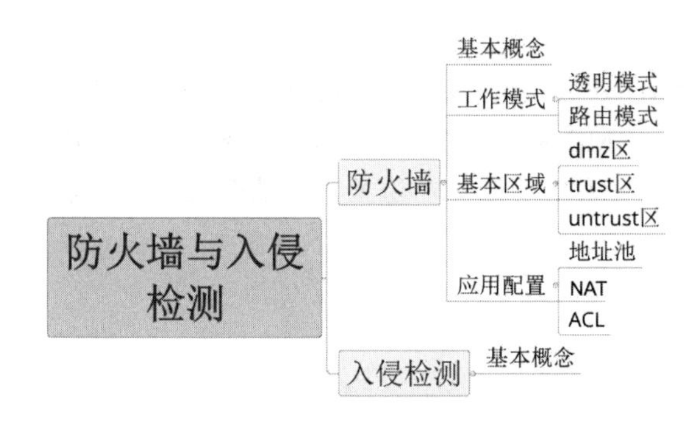

图 12-5 防火墙与入侵检测知识体系图谱

参考题型

【考核方式 1】考核防火墙的基本配置。

- （1） 防火墙是内部网和外部网的隔离点，它可对应用层的通信数据流进行监控和过滤。

（1）A．包过滤　　B．应用级网关
C．数据库　　D．Web

■ 试题分析 包过滤防火墙只能工作在 3～4 层，无法获取高层协议数据，而本题是要求对应用层的通信数据流进行监控，只能是应用级网关防火墙。

■ 参考答案 （1）B

- 以下关于入侵检测系统的叙述中，错误的是 （2） 。

（2）A．包括事件产生器、事件分析器、响应单元和事件数据库四个组件
B．无法直接阻止来自外部的攻击
C．可以识别已知的攻击行为
D．可以发现 SSL 数据包中封装的病毒

■ 试题分析 由于安全套接层（Secure Sockets Layer，SSL）协议会加密报文内容，因此入侵检测系统无法正常识别数据包的内容。

■ 参考答案 （2）D

- 防火墙通常分为内网、外网和 DMZ 三个区域，按照受保护程度，从低到高正确的排列次序为 （3） 。

（3）A．内网、外网和 DMZ　　B．外网、DMZ 和内网
C．DMZ、内网和外网　　D．内网、DMZ 和外网

■ 试题分析 防火墙按安全级别不同，可划分为内网、外网和 DMZ 区，具体结构如图 12-6 所示。

1）内网。内网是防火墙的重点保护区域，包含单位网络内部的所有网络设备和主机。该区域是可信的，安全级别最高。

2）外网。外网是防火墙重点防范的对象，针对单位外部访问用户、服务器和终端。外网发起的通信必须按照防火墙设定的规则进行过滤和审计，不符合条件的则不允许访问。该区域的安全级别是最低的。

3）DMZ 区（Demilitarized Zone）。DMZ 区是一个逻辑区，从内网中划分出来，包含向外网提供服务的服务器集合。DMZ 中的服务器有 Web 服务器、邮件服务器、FTP 服务器、外部 DNS 服务器等。DMZ 区保护级别较低，可以按要求放开某些服务和应用。该区域的安全级别介于内网与外网之间。

■ 参考答案 （3）B

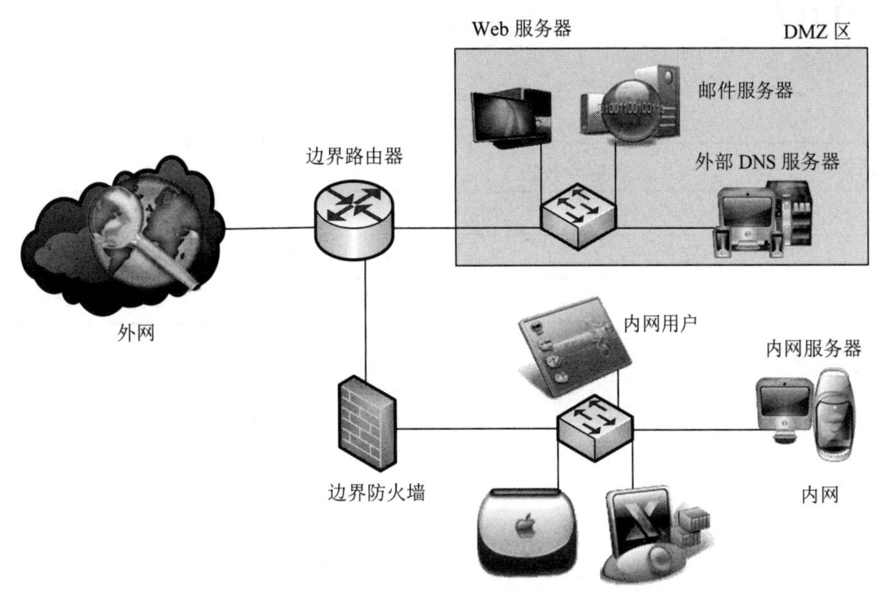

图 12-6 防火墙区域结构

参考题型

- 阅读以下说明，回答问题 1 至问题 2，将解答填入对应的解答栏内。

  【说明】某公司通过防火墙接入 Internet，网络拓扑如图 12-7 所示。

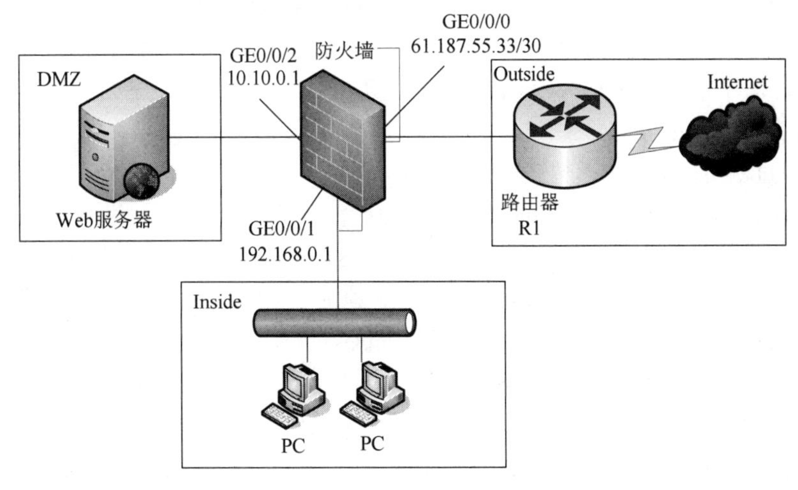

图 12-7 网络拓扑图

【问题 1】（6 分）

根据配置信息填写表 12-1。

表 12-1　配置信息表

域名称	接口名称	IP 地址	IP 地址掩码
trust	GE0/0/1	（1）	255.255.255.0
untrust	GE0/0/2	61.187.55.33	（2）
dmz	（3）	（4）	255.255.255.0

【问题 2】（2 分）

根据所显示的配置信息，由 trust 域发往 Internet 的 IP 分组，在到达路由器 R1 时的源 IP 地址是＿（5）＿。

■ 参考答案

【问题 1】（6 分）

（1）192.168.0.1　　（1.5 分）

（2）255.255.255.252　　（1.5 分）

（3）GE0/0/2　　（1.5 分）

（4）10.10.0.1　　（1.5 分）

【问题 2】（2 分）

（5）61.187.55.33

● 防火墙根据实现原理的不同，可分为包过滤防火墙，应用层网关防火墙和＿（2）＿。

（2）A．传输层防火墙　　B．状态检测防火墙

C．会话层防火墙　　D．网络防火墙

■ 试题分析　状态检测防火墙又称为动态包过滤防火墙，是在传统包过滤防火墙的基础上的功能扩展，通过跟踪防火墙的网络连接和数据包，使用一组附加的标准确定是允许还是拒绝通信。

■ 参考答案　（2）B

● 以下关于包过滤防火墙的描述错误的是＿（3）＿。

（3）A．防止感染了病毒的软件或文件的传输

B．工作在网络层

C．可以读取通过防火墙数据包的目的 IP 地址

D．可以防止企业外网用户访问内网的主机

■ 试题分析　本题考查的是防火墙方面的基础知识。要检测到是否有感染病毒的文件在网络中传输，需要具备对应用层数据进行分析的功能，而包过滤防火墙不在应用层工作，因此不具备这一功能。尽管实际中，可能有部分防火墙带有支持防病毒的模块，但是防病毒的功能不是防火墙的基本功能。

■ 参考答案　（3）A

● 在内网中部署__（4）__可以最大限度地防范内部攻击。

（4）A．防火墙　　B．数据库审计系统

C．邮件过滤系统　　D．入侵检测系统

■ **试题分析** 本题考查的是防火墙和入侵检测方面的基础知识。防火墙能够对进出公司网络的数据进行过滤等相应处理，但是不能发现和防止内网用户相互之间的攻击，而入侵检测则能够完成这一工作。

■ **参考答案** （4）D

● 以下属于网络安全控制技术的是__（5）__。

（5）A．流量控制技术　　B．可编程控制技术

C．入侵检测技术　　D．差错控制技术

■ **试题分析** 流量控制和差错控制技术均属于网络通信中所需要的基本控制技术。这部分主要是与通信相关。入侵检测系统（Intrusion Detection System，IDS）是一种对内网安全入侵行为进行检测的系统。属于一种网络安全控制技术。

■ **参考答案** （5）C

● 入侵检测是对入侵行为的判定。其执行检测的第一步是__（6）__。

（6）A．信息收集　　B．信息分析　　C．数据包过滤　　D．数据包检查

■ **试题分析** 入侵检测首先需要获得相关的数据，因此第一步就是信息收集。

■ **参考答案** （6）A

● 阅读以下说明，回答问题1至问题4，将解答填入答题纸对应的解答栏内。

【说明】某公司的网络结构如图12-8所示，所有PC机共享公网IP地址202.134.115.5接入Internet，公司对外提供WWW和邮件服务。

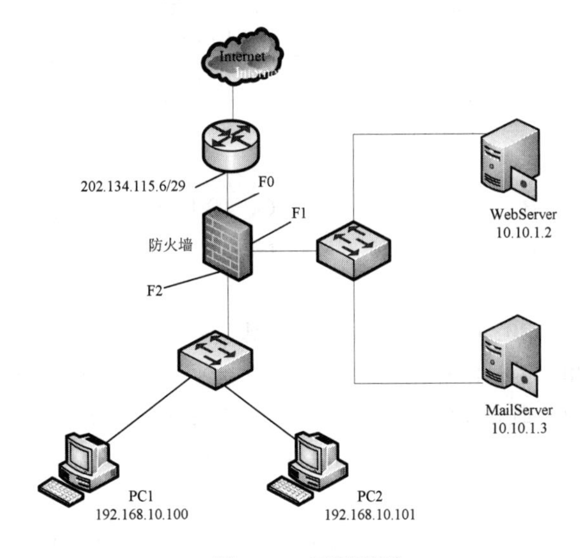

图12-8　习题用图

【问题1】（每空1分，共5分）

防火墙可以工作在三种模式下，分别是：路由模式、（1）和混杂模式，根据图12-8所示，防火墙的工作模式为（2）。管理员为防火墙的三个接口分别命名为Trusted、Untrusted和DMZ，分别用于连接可信网络、不可信网络和DMZ网络。其中F0接口对应于（3），F1接口对应于（4），F2接口对应于（5）。

■ 试题分析 防火墙的三种工作模式：

1）路由模式：防火墙以第三层对外连接（接口具有IP地址），此时可以完成ACL包过滤，ASPF动态过滤、NAT转换等功能。

2）透明模式：防火墙以第二层对外连接（接口没有IP地址），此时相当于交换机，部分防火墙不支持STP。

3）混合模式：混合上面两种基本模式的特点。

■ 参考答案 （1）透明模式 （2）路由模式 （3）Untrusted （4）DMZ （5）Trusted

【问题2】（每空1分，共4分）

请根据图12-8，将表12-2所示的公司网络IP地址规划表补充完整。

表12-2 公司网络IP地址规划表

设备	接口	IP地址	子网掩码
防火墙	F0	（6）	（7）
	F1	（8）	255.255.255.0
	F2	（9）	255.255.255.0
内网地址（段）	-	192.168.10.0	255.255.255.0
WebServer	-	10.10.1.2	255.255.255.0
MailServer	-	10.10.1.3	255.255.255.0

（6）～（9）备选参考答案：

A．202.134.115.5　B．10.10.1.1　C．10.10.1.255　D．192.168.10.1

E．255.255.255.0　F．255.255.255.248　G．192.168.10.0　H．202.134.115.8

I．255.255.255.224

■ 试题分析 从图上的202.134.115.6/29接口地址，可以确定F0的接口地址必须是这个主机地址为：202.134.115.1~202.134.115.6网段的地址，题干也说明了所有PC机共享公网IP地址202.134.115.5接入Internet，因此（6）选A。（8）必须与图中服务器的IP地址同一个网段。而子网掩码是255.255.255.0，因此地址必须为10.10.1.0网段的主机IP地址，因此只能选B。（9）同样的道理，对应内网地址，因此选D。

■ 参考答案 （6）A （7）255.255.255.248 （8）B （9）D

【问题 3】（每空 1 分，共 5 分）

为使互联网用户能够正常访问公司 WWW 和邮件服务，以及公司内网可以访问互联网。公司通过防火墙分别为 WebServer 和 MailServer 分配了静态的公网地址 202.134.115.2 和 202.134.115.3。表 12-3 所示是防火墙上的地址转换规则，请将下表补充完整。

表 12-3 防火墙上的地址转换规则

源地址	转换后源地址	目标地址	转换后目标地址
公网地址 1	（10）	202.134.115.2	（11）
公网地址 2	公网地址 2	202.134.115.3	（12）
192.168.10.100	（13）	公网地址 3	（14）

■ 试题分析 对服务器地址进行目标地址转换（DNAT），因此不管源地址是什么，只要目标地址是 202.124.115.2 的就转换目标地址为 10.10.1.2。具体转换后的源地址怎么写，则根据表中上下文进行，原来是什么就继续保留什么。第三条是满足“公司内网可以访问互联网”。因此是基于源地址转换（SNAT）。此时源地址被转换为所有 PC 机共享公网 IP 地址，202.134.115.5。目标地址还是原来的地址。

■ 参考答案 （10）公网地址 1　（11）10.10.1.2　（12）10.10.1.3

（13）202.134.115.5　（14）公网地址 3

【问题 4】（每空 1 分，共 6 分）

表 12-4 所示是防火墙上的过滤规则，规则自上而下顺序匹配。为了确保网络服务正常工作，并保证公司内部网络的安全性，请将下表补充完整。

表 12-4 防火墙上的过滤规则

规则编号	源	目的	方向	协议	端口	行动
1	Any	Any	F2→F0、F1	Any	Any	允许
2	Any	Any	F1→F0、F2	Any	Any	允许
3	Any	10.10.1.2	F0→ F1	www	80	允许
4	Any	10.10.1.3	（15）	（16）	（17）	（18）
5	Any	10.10.1.3	F0→F1	POP3	（19）	允许
6	Any	Any	F0→F1、F2	Any	Any	（20）

■ 试题分析 注意 E-Mail 服务有发送邮件的协议 SMTP 和接收邮件的协议 POP3，因此在防火墙上设置规则时，要考虑发送和接收两个协议的配置。

■ 参考答案 （15）F0→F1　（16）SMTP　（17）25

（18）允许　（19）110　（20）禁止或者拒绝

课堂练习

- 下面病毒中，属于蠕虫病毒的是___(1)___。

（1）A．Worm.Sasser 病毒　　B．Trojan.QQPSW 病毒
　　C．Backdoor.IRCBot 病毒　　D．Macro.Melissa 病毒

- 可专门针对后缀名为.docx 文件的病毒是___(2)___。

（2）A．脚本病毒　　B．宏病毒
　　C．蠕虫病毒　　D．文件型病毒

- 某报文的长度是 1000 字节，利用 MD5 计算出来的报文摘要长度是___(3)___位，利用 SHA 计算出来的报文摘要长度是___(4)___位。

（3）A．64　　B．128　　C．256　　D．160
（4）A．64　　B．128　　C．256　　D．160

- 安全散列算法 SHA-1 产生的摘要位数是___(5)___。

（5）A．64　　B．128　　C．160　　D．256

- 下列算法中，___(6)___属于摘要算法。

（6）A．DES　　B．MD5
　　C．Diffie-Hellman　　D．AES

- 下列选项中，同属于报文摘要算法的是___(7)___。

（7）A．DES 和 MD5　　B．MD5 和 SHA-1
　　C．RSA 和 SHA-1　　D．DES 和 RSA

- Alice 向 Bob 发送数字签名的消息 M，下列不正确的说法是___(8)___。

（8）A．Alice 可以保证 Bob 收到消息 M
　　B．Alice 不能否认发送过消息 M
　　C．Bob 不能编造或改变消息 M
　　D．Bob 可以验证消息 M 确实来源于 Alice

- 以下关于钓鱼网站的说法中，错误的是___(9)___。

（9）A．钓鱼网站仿冒真实网站的 URL 地址
　　B．钓鱼网站是一种网络游戏
　　C．钓鱼网站用于窃取访问者的机密信息
　　D．钓鱼网站可以通过 E-mail 传播网址

- 以下安全协议中，用来实现安全电子邮件的协议是___(10)___。

（10）A．IPSec　　B．L2TP　　C．PGP　　D．PPTP

试题分析

试题1分析： 蠕虫病毒的前缀是Worm。通常是通过网络或者系统漏洞进行传播。

■ **参考答案** （1）A

试题2分析： 各类恶意代码的命名规则经常考到，考生需要掌握一些基本的病毒名和病毒对应的特点。

恶意代码的一般命名格式为：恶意代码前缀.恶意代码名称.恶意代码后缀。

恶意代码前缀是根据恶意代码特征起的名字，拥有相同前缀的恶意代码通常具有相同或相似的特征。恶意代码的常见前缀名如表12-5。

表12-5 恶意代码的常见前缀名

前缀	含义	解释	例子
Boot	引导区病毒	通过感染磁盘引导扇区进行传播的病毒	Boot.WYX
DOSCom	DOS病毒	只通过DOS操作系统进行复制和传播的病毒	DosCom.Virus.Dir2.2048（DirII病毒）
Worm	蠕虫病毒	通过网络或漏洞进行自主传播，向外发送带毒邮件或通过即时通信工具（QQ、MSN）发送带毒文件	Worm.Sasser（震荡波）、震网（攻击基础设施）
Trojan	木马	木马通常伪装成有用的程序诱骗用户主动激活，或利用系统漏洞侵入用户计算机。计算机感染特洛伊木马后的典型现象是有未知程序试图建立网络连接	Trojan.Win32.PGPCoder.a（文件加密机）、Trojan.QQPSW
Backdoor	后门	通过网络或者系统漏洞入侵计算机并隐藏起来，方便黑客远程控制	Backdoor.Huigezi.ik（灰鸽子变种IK）、Backdoor.IRCBot
Win32、PE、Win95、W32、W95	文件型病毒或系统病毒	感染可执行文件（如.exe、.com、.dll）文件的病毒。 若与其他前缀连用，则表示病毒的运行平台	Win32.CIH Backdoor.Win32.PcClient.al，表示运行在32位Windows平台上的后门
Macro	宏病毒	宏语言编写，感染办公软件（如Word、Excel），并且能通过宏病毒自我复制的程序	Macro.Melissa、Macro.Word、Macro.Word.Apr30
Script、VBS、JS	脚本病毒	使用脚本语言编写，通过网页传播、感染、破坏或调用特殊指令下载并运行病毒、木马文件	Script.RedLof（红色结束符）、Vbs.valentin（情人节）
Harm	恶意程序	直接对被攻击主机进行破坏	Harm.Delfile（删除文件）、Harm.formatC.f（格式化C盘）
Joke	恶作剧程序	不会对计算机和文件产生破坏，但可能会给用户带来恐慌和麻烦，如控制鼠标	Joke.CrayMourse（疯狂鼠标）

■ 参考答案 （2）B

试题 3、4 分析：（1）消息摘要算法 5（Message-Digest Algorithm，MD5）把信息分为 512 比特的分组，并且创建一个 128 比特的摘要。

（2）安全 Hash 算法（Secure Hash Algorithm，SHA-1）也是基于 MD5 的，把信息分为 512 比特的分组，经过运算之后，最终输出一个 160 比特的摘要。

■ 参考答案 （3）B　（4）D

试题 5 分析：安全 Hash 算法也是基于 MD5 的，以最大长度不超过 2^{64} 位的消息为输入，把信息分为 512 比特的分组，并且最终输出一个 160 比特的摘要。

■ 参考答案 （5）C

试题 6 分析：报文摘要算法（Message Digest Algorithms）使用特定算法对明文进行摘要，生成固定长度的摘要。这类算法重点在于“摘要”，即对原始数据依据某种规则提取；摘要和原文具有“联系性”，即“摘要”出的数据与原始数据一一对应，只要原始数据稍有改动，“摘要”的结果就会产生不同。因此，这种方式可以验证原文是否被修改。

报文摘要算法采用“单向函数”，即只能从输入数据得到输出数据，无法从输出得到输入。常见报文摘要算法有安全散列标准 SHA-1、MD5 系列标准。

①消息摘要算法 5（MD5）把信息分为 512 比特的分组，并且创建一个 128 比特的摘要。

②安全 Hash 算法（SHA-1）也是基于 MD5 的，把信息分为 512 比特的分组，并且创建一个 160 比特的摘要。

■ 参考答案 （6）B

试题 7 分析：同上题。

■ 参考答案 （7）B

试题 8 分析：数字签名功能有信息身份认证、信息完整性检查、信息发送不可否认性，但不提供原文信息加密，不能保证对方能收到消息，也不对接收方身份进行验证。

■ 参考答案 （8）A

试题 9 分析：钓鱼网站是一种通过仿冒真实网站的 URL 地址，以达到欺骗用户访问，从而窃取访问者机密信息的网站，由于用户通常不会访问钓鱼网站，因此钓鱼网站必须通过病毒或者 E-mail 之类的网络传播工具传播出去，才可以达到窃取用户信息的目的。

■ 参考答案 （9）B

试题 10 分析：优良保密协议（Pretty Good Privacy，PGP）是一款邮件加密软件。可以用它对邮件保密以防止非授权者阅读，它还能对邮件加上数字签名，从而使收信人可以确认邮件的发送者，并能确信邮件没有被篡改。PGP 采用了 **RSA 和传统加密的杂合算法、数字签名的邮件文摘算法、**加密前压缩等手段。功能强大、加/解密快且开源。

■ 参考答案 （10）C

第13章 Windows 与 Linux 操作系统

知识点图谱与考点分析

Windows 与 Linux 操作系统是目前网络管理员在实际工作中最常使用和维护的操作系统，因此需要管理员对这两个操作系统中相关的系统管理和网络测试命令进行深入了解。作为每年必考的知识点，通常这部分考试分值 Windows 部分占 3～4 分，Linux 系统部分占 3 分左右，涉及的知识点主要包括 Windows 的网络命令和系统管理命令，Linux 的系统管理、配置文件基础、各种命令等。本章的知识体系图谱如图 13-1 所示。

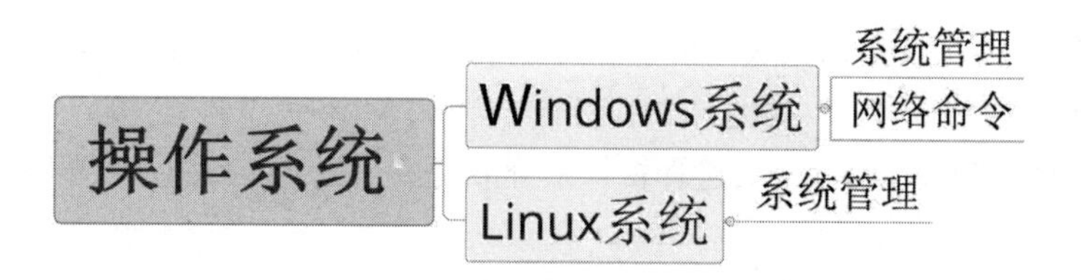

图 13-1　操作系统知识体系图谱

知识点：Windows 操作系统

知识点综述

Windows 中的系统管理部分主要考查 Windows 操作的文件、用户、组等一些基本操作，实际考得不多，主要考试的知识点集中在 Windows 系统的各种网络命令。每次考试分值为 3～4 分。需要记住一些常用的网络命令的作用以及这些命令常用的参数，另外能对一些基本的命令输出信息进行阅读和分析即可。本知识点的体系图谱如图 13-2 所示。

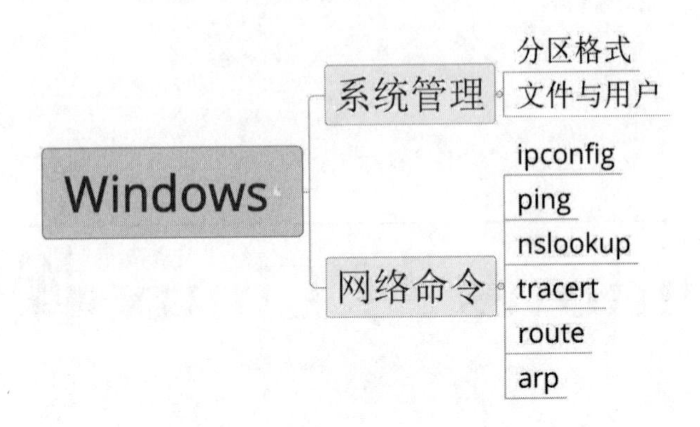

图 13-2　Windows 系统知识体系图谱

参考题型

【考核方式 1】考核 Windows 系统管理基础。

- 在 Windows 系统中，执行程序 x.exe 时系统报告找不到 y.dll，原因是__（1）__。

（1）A．程序 x 中存在语法或语义错误，需要修改与 x 对应的源程序

B．程序 y 中存在语法错误，需要修改与 y 对应的源程序

C．程序 y 中存在语义错误，需要修改与 y 对应的源程序并重新编译

D．程序 x 执行时需要调用 y 中的函数，需要安装 y.dll

■ **试题分析** .dll 文件是一种动态的链接库文件，里面有大量的可供调用的函数。当执行某文件时，若其调用了 dll 文件中的函数，则会自动去寻找这些.dll 文件；若找不到，则报错。

■ **参考答案** （1）D

- 在 Windows 资源管理器中，若要选择窗口中分散的多个文件，在缺省配置下，可以先选择一个文件，然后按住__（2）__。

（2）A．Ctrl 键不放，并用鼠标右键单击要选择的文件

B．Ctrl 键不放，并用鼠标左键单击要选择的文件

C．Shift 键不放，并用鼠标右键单击要选择的文件

D．Shift 键不放，并用鼠标左键单击要选择的文件

■ **试题分析** 这是 Windows 中常用的文件基本操作方式。对于连续的多个文件，可以先点第一个，再按住 Shift 键并点击最后一个即可，而不连续的文件则使用 Ctrl 键和鼠标一起点击。

■ **参考答案** （2）B

【考核方式 2】考核 Windows 常用网络命令。

- Windows 系统中，在“运行”对话框中键入__（1）__，可出现以下所示界面。

```
Microsoft Windows    [版本 6.1.7601]
Copyright (C) 2009   Microsoft Corp.All rights reserved
C:\Documents and Settings\Administrator>
```

（1）A．run　　B．cmd　　C．msconfig　　D．command

■ **试题分析**　这是一个典型的 command 命令解释器的界面，可以通过运行对话框中输入命令“cmd”，打开 Windows 的命令解释器。

■ **参考答案**　（1）B

- 在 Windows 系统中，管理员发现无法访问 www.aaa.com，若要跟踪该数据包的传输过程，可以使用的命令是__（2）__。

（2）A．nslookup www.aaa.com　　B．arp www.aaa.com
　　C．tracert www.aaa.com　　D．route www.aaa.com

■ **试题分析**　跟踪路由 Tracert 是 Windows 网络中 Trace Route 功能的缩写。基本工作原理是：通过向目标发送不同 IP 生存时间（Time To Live，TTL）值的 ICMP ECHO 报文，在路径上的每个路由器转发数据包之前，将数据包上的 TTL 减 1。当数据包上的 TTL 减为 0 时，路由器返回给发送方一个超时信息。

在 Tracert 工作时，先发送 TTL 为 1 的回应报文，并在随后的每次发送过程中将 TTL 增加 1，直到目标响应或 TTL 达到最大值为止，通过检查中间路由器超时信息确定路由。

以下命令是网络管理员在实际中最常使用的检查数据包路由路径的命令，其基本格式如下：

tracert　**[-d]**　**[-h** *maximumhops*]　**[-w** *timeout*]　**[-R]** **[-S** *srcAddr*] **[-4][-6]**　*targetname*

其中各参数的含义如下：

- -d：禁止 Tracert 将中间路由器的 IP 地址解析为名称，这样可加速显示 Tracert 的结果。
- -h *maximumhops*：指定搜索目标的路径中存在节点数的最大值（默认为 30 个节点）。
- -w *timeout*：指定等待“ICMP 已超时”或“回显答复”消息的时间。如果超时的时间内未收到消息，则显示一个星号（*）(默认的超时时间为 4000 毫秒)。
- -R：指定 IPv6 路由扩展标头用来将“回显请求”消息发送到本地计算机，使用目标作为中间目标，并测试反向路由。
- -S：指定在“回显请求”消息中使用的源地址，仅当跟踪 IPv6 地址时才使用该参数。
- -4：指定 IPv4 协议。
- -6：指定 IPv6 协议。
- targetname：指定目标，可以是 IP 地址或计算机名。

■ **参考答案**　（2）C

- 管理员在使用 ping 命令时得到以下结果，出现该结果的原因不可能是__（3）__。

```
C:\WINDOWS\system32>ping www.bbb.com
Pinging www.bbb.com [96.45.82.198]with 32 bytes of data:
```

```
Request timed out.
Request timed out.
Request timed out.
Request timed out.
Ping statistics for 96.45.82.198:
Packets:Sent=4, Received=0, Lost=4(100% loss)
```

（3）A．目标主机域名解析错误　　B．目标主机关机
C．目标主机无响应　D．目标主机拒绝接收

■ 试题分析 ping 命令是用于检查网络连通性的命令，通常可以根据 ping 命令的反馈信息确定本机是否能与目标主机通信。但是本题 ping 的目标是一个域名，通过 ping 命令的反馈信息可知，该命令已经正确地反馈了一个与 www.bbb.com 域名对应的主机 IP 地址 96.45.82.198，说明 DNS 解析成功，因此网络是正常的，并且 DNS 服务器解析正常。因此不可能是 A 选项。

■ 参考答案 （3）A

● 在 Windows 操作系统中，终止 ping 命令的执行需要使用的快捷键是__（4）__。

（4）A．Ctrl+Z　B．Ctrl+C　C．Alt+A　D．Alt+C

■ 试题分析 Ctrl+C 强行中断当前程序的执行，是一种控制 ping 命令强制中断的快捷键。

■ 参考答案 （4）B

● 在 Windows 中，使用 nslookup 命令可诊断的故障是__（5）__。

（5）A．域名解析故障　B．IP 地址解析故障
C．路由回路故障　D．邮件收发故障

■ 试题分析 nslookup（Name Server Lookup）是一个用于查询 Internet 域名信息或诊断 DNS 服务器问题的工具。Windows 下的 nslookup 命令格式比较丰富，可以直接使用带参数的形式，也可以使用交互式命令设置参数。

典型的非交互式查询中，基本命令格式：

nslookup [- *option*] [{*name*| [-*server*]}]

参数说明：

-*option*：在非交互式查询中可以使用选项直接指定要查询的参数，具体如下：

- -timeout=x：指明系统查询的超时时间，如“-timeout=10”表示超时时间是 10 秒。
- -retry=x：指明系统查询失败时重试的次数。
- -querytype=x：指明查询的资源记录的类型，x 可以是 A、PTR、MX、NS 等。
- *name*：要查询的目标域名或 IP 地址。若 name 是 IP 地址，并且查询类型为 A 或 PTR 资源记录类型，则返回计算机的名称。
- -*server*：使用指定的 DNS 服务器解析，而非默认的 DNS 服务器。

■ 参考答案 （5）A

知识点：Linux 操作系统

知识点综述

Linux 中的系统管理部分主要考查 Linux 系统的分区概念、文件操作、用户操作、配置文件位置等。每次考试分值约为 3 分。复习中需要重点记忆一些常用文件操作、用户操作命令的作用以及这些命令常用的参数。本知识点的体系图谱如图 13-3 所示。

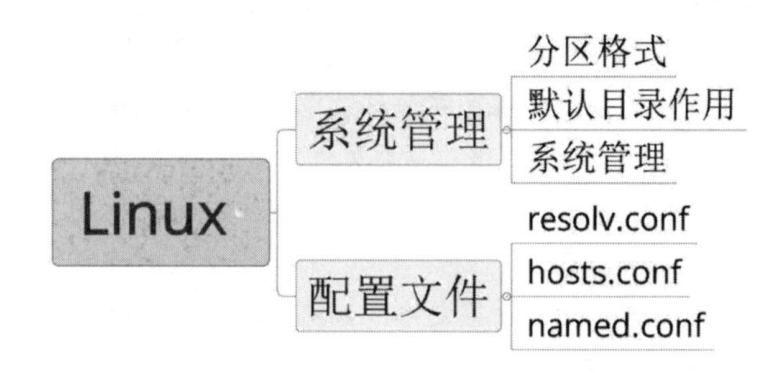

图 13-3　Linux 系统知识体系图谱

参考题型

【考核方式 1】考核 Linux 系统的管理基础。

● 要重新启动 Linux 操作系统，可使用__（1）__命令。

（1）A．init 0　　B．shutdown -r　　C．halt c　　D．shutdown -h

■ **试题分析**　Linux 系统的重新启动有两种方式，分别是使用 init 指令和 shutdown。其中 init 后面可以跟一个参数，取值范围是 0～6，其中 0 表示停机，6 表示重启。shutdown 指令后面可以跟-r 表示重新启动，也可以跟-h 表示停机。halt 命令也可以停机，与 shutdown -h 或者 init 0 的作用是一样的。

■ **参考答案**　（1）B

● 在 Linux 中，可使用__（2）__命令关闭系统。

（2）A．kill　　B．shutdown　　C．no　　D．quit

■ **试题分析**　在 Linux 中，关机的命令有 shutdown -h、halt 和 init 0 等，这里只有 shutdown 命令，因此选 B。

■ **参考答案**　（2）B

【考核方式 2】考核 Linux 默认目录的作用。

● 安装 Linux 操作系统时，必须创建的分区是__（1）__。

（1）A. /　　B. /boot　　C. /sys　　D. /bin

■ 试题分析 Linux系统必须有根分区，根分区的符号是“/”。

■ 参考答案 （1）A

● 在Linux中，目录（2）主要用于存放设备文件。

（2）A. /var　　B. /etc　　C. /dev　　D. /root

■ 试题分析 本题考查基本概念，Linux常用的目录及其作用需要记住。

1）/: 根目录。

2）/boot: 包含了操作系统的内核和在启动系统过程中所要用到的文件。

3）/home: 用于存放系统中普通用户的宿主目录，每个用户在该目录下都有一个与用户同名的目录。

4）/tmp: 系统临时目录，很多命令程序在该目录中存放临时使用的文件。

5）/usr: 用于存放大量的系统应用程序及相关文件，如说明文档、库文件等。

6）/var: 系统专用数据和配置文件，即用于存放系统中经常变化的文件，如日志文件、用户邮件等。

7）/dev: 终端和磁盘等设备的各种设备文件，如光盘驱动器、硬盘等。

8）/etc: 用于存放系统中的配置文件，Linux中的配置文件都是文本文件，可以使用相应的命令查看。

9）/bin: 用于存放系统提供的一些可执行的二进制文件。

10）/sbin: 用于存放标准系统管理文件，通常也是可执行的二进制文件。

11）/mnt: 挂载点，所有的外接设备（如cdrom、U盘等）均要挂载在此目录下才可以访问。

■ 参考答案 （2）C

【考核方式3】考核Linux常用的配置文件名称及位置。

● 在Linux系统中，DNS搜索顺序及DNS服务器地址配置信息存放在（1）文件中。

（1）A. inetd.conf　　B. lilo.conf　　C. httpd.conf　　D. resolv.conf

■ 试题分析 Linux系统中，/etc/resolv.conf配置文件用于存放DNS客户端设置文件。

```
[root@hunau ~]# vi /etc/resolv.conf
用于存放DNS客户端配置文件
[root@hunau ~]# vi /etc/resolv.conf
nameserver      10.8.9.125
#此文件设置本机的DNS服务器是10.8.9.125
```

■ 参考答案 （1）D

● 在Linux系统中，要修改系统配置，可在（2）目录中对相应文件进行修改。

（2）A. /etc　　B. /dev　　C. /root　　D. /boot

■ 试题分析 Linux系统的/etc用于存放系统中的配置文件，Linux中的配置文件都是文本文件，要修改系统配置，可以修改/etc下的相关配置文件实现。

■ **参考答案** （2）A

课堂练习

- 在 Windows 系统中，具有完全访问控制权限的用户属于__（1）__用户组。
  （1）A．Guests　　B．Users　　C．IIS_IUSERS　　D．Administrators
- 在 Linux 系统中，mkdir 命令的作用是__（2）__。
  （2）A．创建文件夹　　B．创建文件
  C．查看文件类型　　D．列出目录信息
- 在 Linux 系统中，要在局域网络中实现文件和打印机共享，需安装__（3）__软件，该软件是基于__（4）__协议实现的。
  （3）A．Ser_U　　B．Samba　　C．Firefox　　D．VirtualBox
  （4）A．SMB　　B．TCP　　C．SMTP　　D．SNMP
- 在 Linux 中，用户 tom 在登录状态下，键入 cd 命令并按下回车键后，该用户进入的目录是__（5）__。
  （5）A．/root　　B．/home/root　　C．/root/tom　　D．/home/tom
- 在 Linux 中，设备文件存放在__（6）__目录中。
  （6）A．/dev　　B．/home　　C．/var　　D．/sbin
- DNS 配置中转换程序配置文件名称是__（7）__。
  （7）A．resolv.conf　　B．named.conf
  C．hosts　　D．localhost.zone
- 在 Windows 系统中，若要将文件夹设置为隐藏，可以通过修改该文件夹的__（8）__来实现。若更改 ssh 连接端口，这一级安全管理称之为__（9）__安全管理。
  （8）A．属性　　B．内容　　C．文件夹名　　D．路径名
  （9）A．用户级　　B．目录级　　C．文件级　　D．系统级
- 在 Windows 命令行界面中，可以使用__（10）__命令查看本地路由表。
  （10）A．route print　　B．print route　　C．print router　　D．router print
- 进行网络诊断时常使用的 ping 命令，通过发送一个__（11）__报文，探测并统计网络连通性。
  （11）A．ICMP　　B．IGMP　　C．UDP　　D．TCP

试题分析

试题 1 分析：只有管理员默认拥有完全访问控制权限，这个用户名是 Administrator，属于 Administrators 组。

■ **参考答案** （1）D

试题 2 分析：这是 Linux 系统的基本文件操作命令。常用的文件夹命令是 mkdir 和 rmdir。

基本命令格式：

mkdir [*directory*]

rmdir [*option*] [*directory*]

mkdir 命令用来建立新的目录，rmdir 用来删除已建立的目录。其中 rmdir 的参数主要是-p，该参数在删除目录时，会删掉指定目录中的每个目录，包括其中的父目录。如“rmdir -p a/b/c”的作用与“rmdir a/b/c a/b/a”的作用类似。

■ **参考答案** （2）B

试题 3、4 分析：Samba 是在 Linux 和 UNIX 系统上实现 SMB（Server Message Block）协议的一个免费软件。SMB 协议是一种在局域网上共享文件和打印机的一种通信协议，它为局域网内的不同计算机之间提供文件及打印机等资源的共享服务。

■ **参考答案** （3）B （4）A

试题 5 分析：Linux 系统中的/home 目录用于存放系统中普通用户的宿主目录，每个用户在该目录下都有一个与用户同名的目录。

■ **参考答案** （5）D

试题 6 分析：Linux 的/dev 目录主要用于存放终端和磁盘等设备的设备文件，如光盘驱动器、硬盘等。

■ **参考答案** （6）A

试题 7 分析：本题考查的也是基本概念，Linux 系统中所使用的 DNS 服务器 IP 地址配置信息通常存放在/etc/resolv.conf，这个文件是系统的 DNS 转换程序配置文件。本题一定要注意和选项 B 中的 named.conf 区分开来，这个配置文件主要是用于 DNS 服务器的主配置文件。

■ **参考答案** （7）A

试题 8、9 分析：本题考查文件夹属性对应的功能，Windows 文件夹属性主要有只读、隐藏、归档等。本题只要修改文件夹的隐藏属性即可实现隐藏。SSH 的默认服务端口是 22，如果更改 SSH 连接端口则属于系统级安全管理。

■ **参考答案** （8）A （9）D

试题 10 分析：route 命令主要用于手动配置静态路由并显示路由信息表。

基本命令格式：

route [-f] [-p] *command* [*destination*] [**mask** *netmask*] [*gateway*] [**metric** metric] [**if interface**]

参数说明：

1）-f：清除所有不是主路由（子网掩码为 255.255.255.255 的路由）、环回网络路由（目标为 127.0.0.0 的路由）或多播路由（目标为 224.0.0.0，子网掩码为 240.0.0.0 的路由）的条目路由表。如果它与命令 add、change 或 delete 等结合使用，路由表会在运行命令之前清除。

2）-p：与 add 命令共同使用时，指定路由被添加到注册表并在启动 TCP/IP 协议的时候初始化 IP 路由表。默认情况下，启动 TCP/IP 协议时不会保存添加的路由，与 print 命令一起使用时，则显示永久路由列表。

3）Command：该选项下可用以下几个命令：

print：用于显示路由表中的当前项目，由于用 IP 地址配置了网卡，因此所有这些项目都是自动添加的。

add：用于向系统当前的路由表中添加一条新的路由表条目。

delete：从当前路由表中删除指定的路由表条目。

change：修改当前路由表中已经存在的一个路由条目，但不能改变数据的目的地。

4）Destination：指定路由的网络目标地址。目标地址对于计算机路由是 IP 地址，对于默认路由是 0.0.0.0。

5）mask subnetmask：指定与网络目标地址的子网掩码。子网掩码对于 IP 网络地址可以是一个适当的子网掩码，对于计算机路由是 255.255.255.255，对于默认路由是 0.0.0.0。如果将其忽略，则使用子网掩码 255.255.255.255。

6）*gateway*：指定超过由网络目标和子网掩码定义的可达到的地址集的前一个或下一个节点 IP 地址。对于本地连接的子网路由，网关地址是分配给连子网接口的 IP 地址。

7）metric：为路由指定所需节点数的整数值（范围是 1～9999），用来在路由表里的多个路由中选择与转发包中的目标地址最为匹配的路由。所选的路由具有最少的节点数。

8）if interface：指定目标可以到达的接口索引。

■ 参考答案 （10）A

试题 11 分析：在进行网络诊断时，使用 ping 命令通常是通过发送一个 ICMP echo 请求报文，并检测对方的回应报文即可检测连通性。

■ 参考答案 （11）A

第14章 Windows服务器配置

知识点图谱与考点分析

Windows 服务器配置是网络管理员考试中的一个非常重要的知识点，作为每年必考的案例分析题型，每次考试分值至少 15 分，涉及的知识面主要包括 Windows Server 2008 R2 上的主要服务器，如 DNS 服务器配置，DHCP 服务器配置，Web 服务器配置等。这里要特别注意的是一定要结合应用层的主要协议的基本原理和基本参数进行复习，尽管是案例分析题，实际上会涉及很多的基础概念和参数。目前的考试趋势是在一个案例题中，可能考到 2 个及以上的 Windows 服务器配置，以满足题干中模拟网络环境的服务需求。具体的考试形式主要是服务器的配置向导界面中各种参数的选择或者填空，也会考一些服务协议的基本原理，基本参数和工作过程。本章的知识体系图谱如图 14-1 所示。

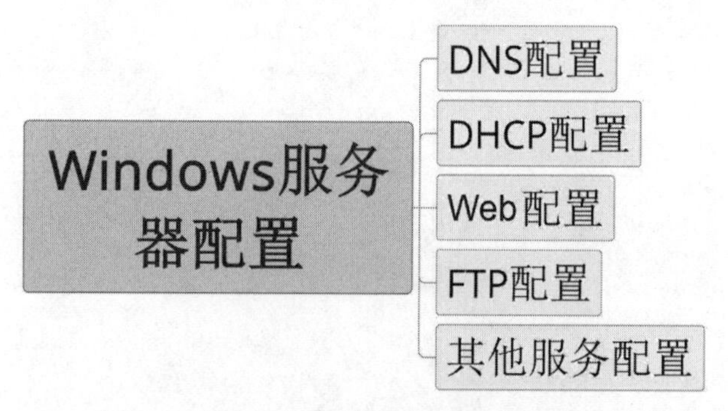

图 14-1　Windows 服务器配置知识体系图谱

参考题型

【考核方式 1】考核 DHCP 服务器配置。

● 阅读以下说明，回答问题 1 至问题 2，将解答填入对应的解答栏内。

【说明】某公司内网结构如图 14-2 所示，当前所用网段是 192.168.10.0/24。服务器均使用 Windows Server 2008 R2 操作系统进行配置。

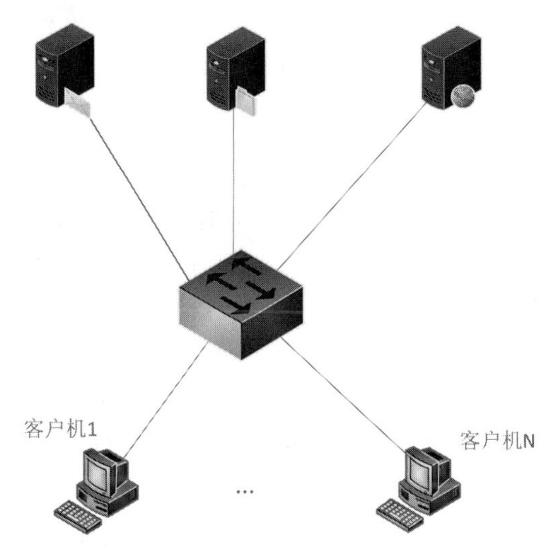

图 14-2　内网结构图

【问题 1】（每空 2 分，共 6 分）

本网络内可供分配使用的 IP 地址（包括图 14-2 中服务器的 IP）个数是＿（1）＿。使用 DHCP 服务器为本网络内的服务器和客户机分配 IP 地址，图 14-3 所示的 DHCP 服务器配置界面中，“起始 IP 地址(S)”应配置为＿（2）＿，“结束 IP 地址(E)”应配置为＿（3）＿。

■ 试题分析 第（1）空考查的实际上是 IP 地址的计算。从题干中我们知道，当前所用的网段是 192.168.10.0/24，这就说明这个网络的 IP 地址是从 192.168.10.1 到 192.168.10.254，那这个网段可以使用的 IP 地址数一共是 254 个。

第（2）空和第（3）空实际上考查的是在 DHCP 服务器的配置界面中，对应网段的起始 IP 地址和结束 IP 地址。从第（1）空的分析中可以知道，它的起始地址应该是 192.168.10.1～192.168.10.254，尽管从拓扑图中可以看到还有三台服务器使用的是固定 IP 地址，但是这些地址可以在接下来的创建排除地址段把服务器地址排除掉。

■ 参考答案（1）254　（2）192.168.10.1　（3）192.168.10.254

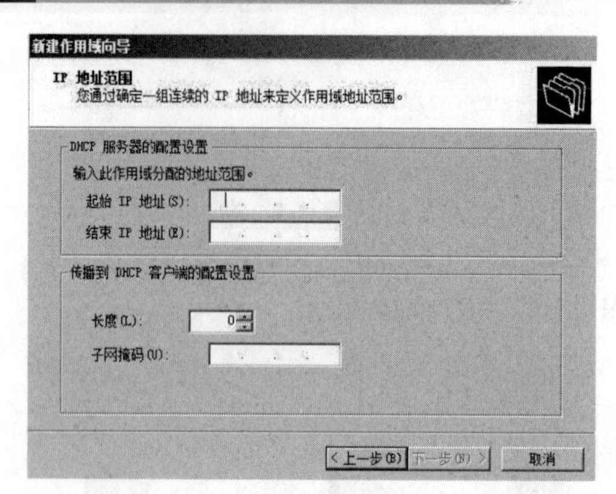

图 14-3　DHCP 服务器配置界面

【问题 2】（每空 2 分，共 8 分）

服务器可以手动配置 IP 地址，也可以通过 DHCP 获取固定 IP 地址。

如果三台服务器全部手动配置 IP 地址，那么服务器的 IP 地址就把整个 192.168.10.0/24 网段切割成了两部分，需要在 DHCP 服务器上添加排除，把服务器的 IP 地址从当前 DHCP 地址池中排除。如图 14-4 所示的"添加排除"界面，"起始 IP 地址(S)"应配置为＿（4）＿，"结束 IP 地址(E)"应配置为＿（5）＿。

如果 FTP 服务器和 Web 服务器采用 DHCP 形式获取固定 IP 地址，则上述"添加排除"过程需要排除 DHCP 服务器的 IP 即可，但需要在 DHCP 服务器上为 FTP 服务器和 Web 服务器保留固定 IP。如图 14-5 所示为 FTP 服务器"新建保留"的配置过程，"IP 地址"应填＿（6）＿。从图 14-6 所示的配置过程可以看出，DHCP 服务器根据客户端的＿（7）＿地址来分配保留 IP。

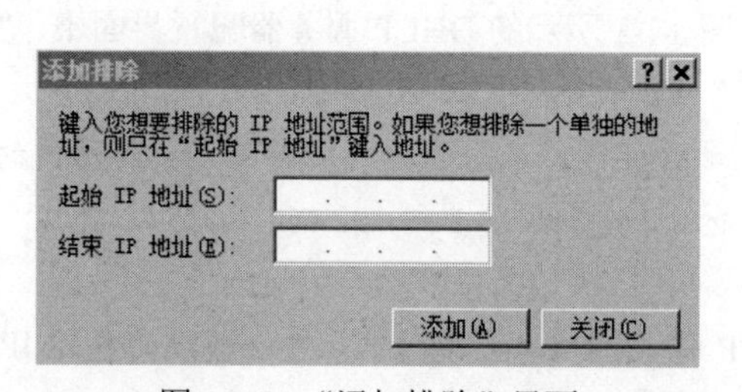

图 14-4　"添加排除"界面

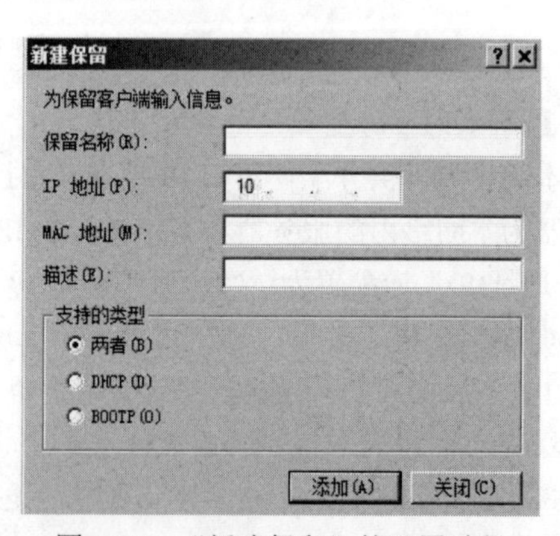

图 14-5　"新建保留"的配置过程

■ **试题分析**　第（4）空和第（5）空实际上就是要把这个网段的服务器的固定 IP 地址 192.168.10.100、192.168.10.101 和 192.168.10.102 排除掉。因此，需要在添加排除地址界面中，设置起始地址 192.168.10.100，结束地址 192.168.10.102 即可。

第（6）空和第（7）空实际上是另外一种为服务器保持固定 IP 地址的方案，也就是从 DHCP 服务器的地址池中来设定保留地址。可以在新建保留的界面中，根据对应服务器的 MAC（Media Access Control）地址来设定它保留的 IP 地址。因此可以看出，DHCP 服务器实际上是根据客户端的 Mac 地址来分配保留 IP 的。图中的 FTP 服务器的 IP 地址是 192.168.10.101，因此第（6）空就是 192.168.10.101。

■ **参考答案** （4）192.168.10.100　（5）192.168.10.102　（6）192.168.10.101　（7）MAC

● 阅读以下说明，回答问题 1 至问题 4，将解答填入对应的解答栏内。

【说明】某单位在内部局域网采用 Windows Server 2008 R2 配置 DHCP 服务器。可动态分配的 IP 地址范围是 192.168.81.10～192.168.81.100 和 192. 168.81.110～192.168.81.240; DNS 服务器的 IP 地址固定为 192.168.81.2。

【问题 1】（4 分）

在 DHCP 工作原理中，DHCP 客户端第一次登录网络时向网络发出一个__（1）__广播包；DHCP 服务器从未租出的地址范围内选择 IP 地址，连同其他 TCP/IP 参数回复给客户端一个__（2）__包；DHCP 客户端根据最先抵达的回应，向网络发送一个__（3）__包，告知所有 DHCP 服务器它将指定接收哪一台服务器提供的 IP 地址；当 DHCP 服务器接收到客户端的回应之后，会给客户端发出一个__（4）__包，以确认 IP 租约正式生效。

（1）～（4）备选答案：

A．dhcpdiscover　　B．dhcpoffer　　C．dhcprequest　　D．dhcpack

■ **试题分析** 本题实际上就是考查 DHCP 协议的工作原理，需要考生了解 DHCP 协议工作过程中的几个基本报文的传输过程。

首先 DHCP 客户端先发送一个 dhcpdiscover 广播包，用于寻找 DHCP 服务器。服务器收到之后，从地址池中选一个未使用的地址通过 dhcpoffer 报文提供给客户端。

如果网络中有多个 DHCP 服务器，那么每个服务器都会给客户提供 dhcpoffer 报文，客户端可能收到多个 dhcpoffer 报文，客户机选择最先到达的报文，并给这个服务器发送一个 dhcprequest 报文。服务器收到之后，就确认这个地址给客户机使用，最终给客户机发送一个 dhcpack 报文，确认地址生效。

■ **参考答案** （1）A　（2）B　（3）C　（4）D

【问题 2】（4 分）

DHCP 服务器具有三种 IP 地址的分配方式：第一种是手动分配，即由管理员为少数特定客户端静态绑定固定的 IP 地址；第二种是__（5）__，即为客户端分配租期为无限长的 IP 地址；第三种是__（6）__，即为客户端分配具有一定有效期限的 IP 地址，到达使用期限后，客户端需要重新申请 IP 地址。

■ **试题分析** DHCP 服务器有三种 IP 地址分配方式，分别是手动分配，自动分配和动态分配。其中手动分配实际就是给客户静态绑定某个固定的 IP 地址。自动分配就是给客户端分配一个租约期限无限长的 IP 地址。动态分配就是平时使用较多的一种方式，给客户端分配一个有一定的租约期的 IP 地址，一旦租约期到了，则客户端需要重新申请 IP 地址。因此第（5）空是自动分配，第（6）空描述的刚好是动态分配的形式。

■ **参考答案** （5）自动分配　（6）动态分配

【问题 3】（9 分）

在 Windows Server 2008 R2 上配置 DHCP 服务，图 14-6 所示配置 IP 地址范围时“起始 IP 地址”处应填__（7）__，“结束 IP 地址”处应填__（8）__；图 14-7 所示添加排除和延迟时“起始 IP 地址”处应填__（9）__“结束 IP 地址”处应填__（10）__。

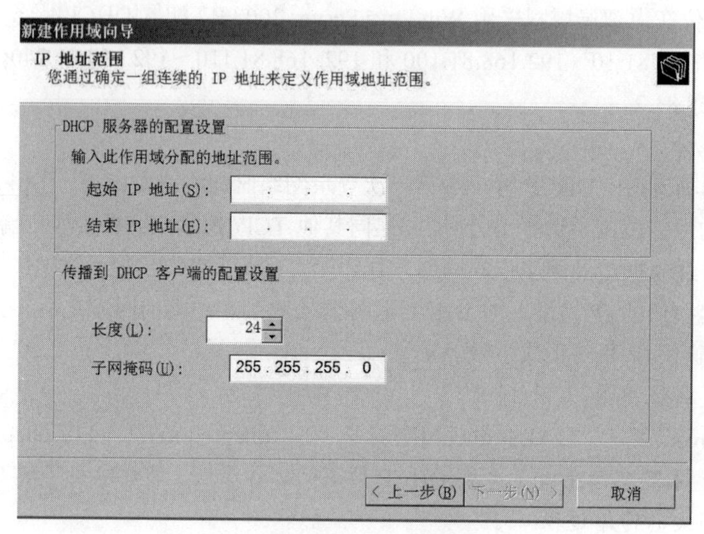

图 14-6　配置 IP 地址范围

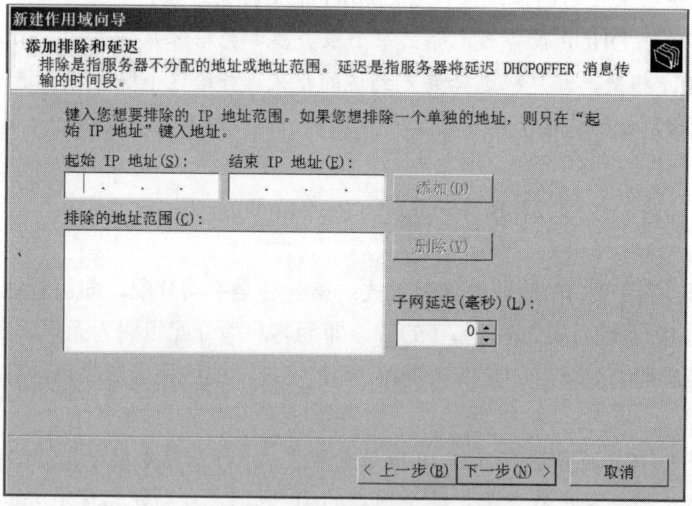

新建作用域向导
添加排除和延迟
排除是指服务器不分配的地址或地址范围。延迟是指服务器将延迟 DHCPOFFER 消息传输的时间段。
键入您想要排除的 IP 地址范围。如果您想排除一个单独的地址，则只在“起始 IP 地址”键入地址。
起始 IP 地址(S):　结束 IP 地址(E):
添加(D)
排除的地址范围(C):
删除(V)
子网延迟(毫秒)(L):
0
< 上一步(B)　下一步(N) >　取消

图 14-7　配置添加排除和延时

默认客户端获取的 IP 地址使用期限为__（11）__天；图 14-8 所示的结果中实际配置的租约期是__（12）__秒。

■ **试题分析** 题干“可动态分配的 IP 地址范围是 192.168.81.10～192.168.81.100 和 192.168.81.110～192.168.81.240”表明实际上可以设置一个大的地址范围，再排除中间的一小段地址。也就是先设置动态地址范围是 192.168.81.10～192.168.81.240，再排除掉中间的 192.168.81.101～192.168.81.109 这几个地址即可。

因此第（7）空是 IP 地址的开始地址，也就是 192.168.81.10。第（8）空是结束地址，也就是 192.168.81.240。第（9）空是排除地址段的开始地址 192.168.81.101，结束地址是 192.168.81.109。

在 Windows Server 2008 R2 中，DHCP 服务器在使用默认设置时，对于有线网络的客户端默认租约期限是 8 天。

在图 14-8 中，可以看到主机 IP 地址的租约期限是 1 小时，对应的时间是 3600 秒。

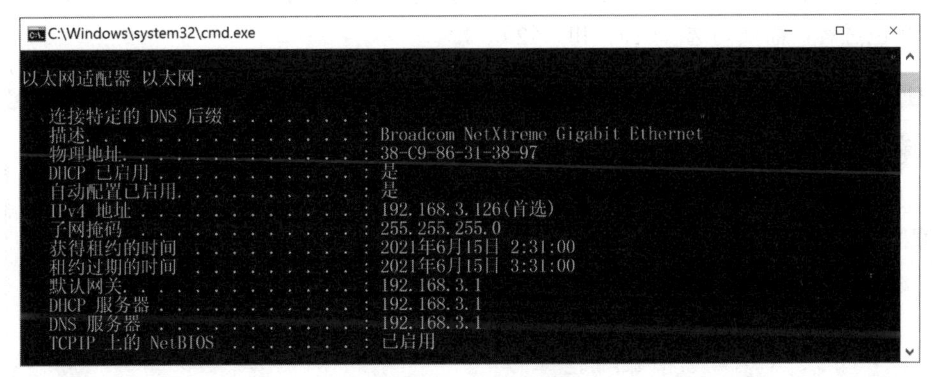

图 14-8 实际配置

■ **参考答案** （7）192.168.81.10 （8）192.168.81.240

（9）192.168.81.101 （10）192.168.81.109 （11）8 （12）3600

【问题 4】（3 分）

通过创建 DHCP 的 IP 保留功能，使静态 IP 地址的设备管理自动化。如果正在为新的客户端保留 IP 地址，或者正在保留一个不同于当前地址的新 IP 地址，应验证 DHCP 服务器是否租出该地址。如果地址已被租出，在该地址的客户端的命令提示符下键入 ipconfig /__（13）__命令来释放它；DHCP 服务器为客户端保留 IP 地址后，客户端需在命令提示符下键入 ipconfig/__（14）__命令重新向 DHCP 服务器申请地址租约。使用 ipconfig/__（15）__命令可查看当前地址租约等全部信息。

（13）～（15）备选答案：

A．all B．renew C．release D．setclassid

■ **试题分析** 第（13）空可以从题干中看到关键词是“释放”，因此可以知道 ipconfig 命令后面的参数是 release。这个参数的作用就是释放主机的 IP 地址。因此第（13）空选 C。

第（14）空对应的关键词是“重新向服务器申请地址租约”，ipconfig 命令后的参数 renew 就是重新向服务器申请地址。

第（15）空对应的关键词是查看“当前地址租约信息的全部信息”，因此要查看全部信息，必须使用参数“all”。

■ **参考答案** （13）C　（14）B　（15）A

【考核方式 2】考核 DNS 服务器配置。

1．阅读以下说明，回答问题 1 至问题 4，将解答填入对应的解答栏内。

【说明】某单位的内部局域网采用 Windows Server 2008 配置 FTP 和 DNS 服务器。FTP 服务器名称为 FTP Server，IP 地址为 10.10.10.1，也可以通过域名 ftp.sohu.com 访问。DNS 服务器名称为 DNS Server，对应的 IP 地址为 10.10.10.2。

【问题 1】（每空 2 分，共 4 分）

默认情况下，Windows Server 2008 系统中没有安装 FTP 和 DNS 服务器，如图 14-9 所示的添加服务器角色过程，需要勾选＿（1）＿和＿（2）＿。

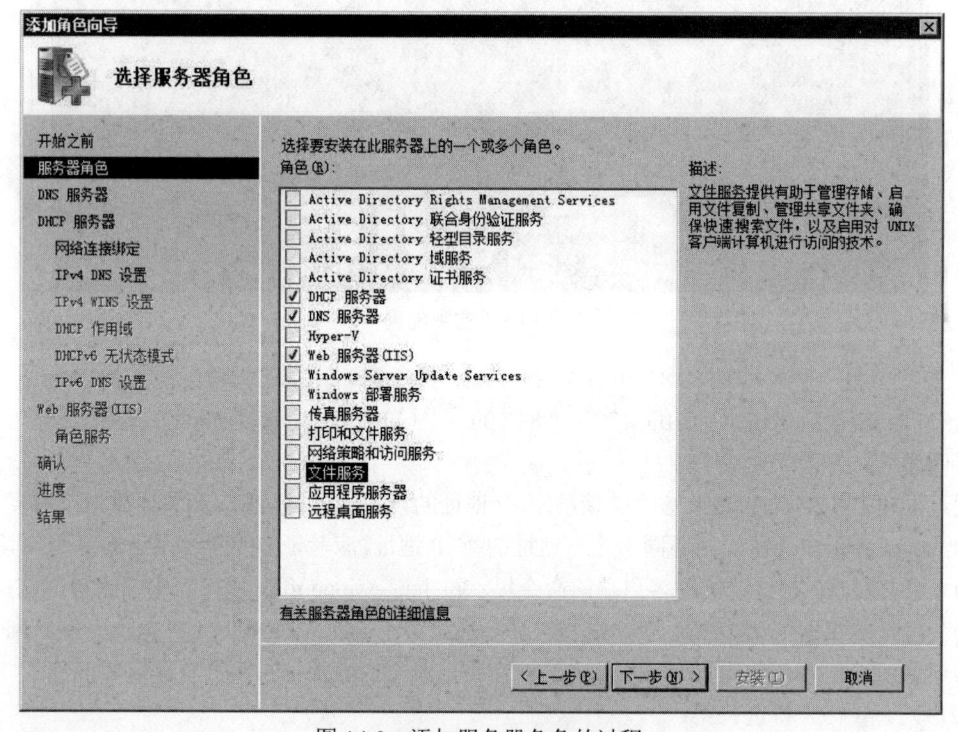

图 14-9　添加服务器角色的过程

■ **试题分析** DNS 服务器有单独的服务。FTP 服务器是 IIS 中的组件。如图 14-10 所示。

■ **参考答案** （1）DNS 服务器　（2）Web 服务器（IIS）（可交换位置）

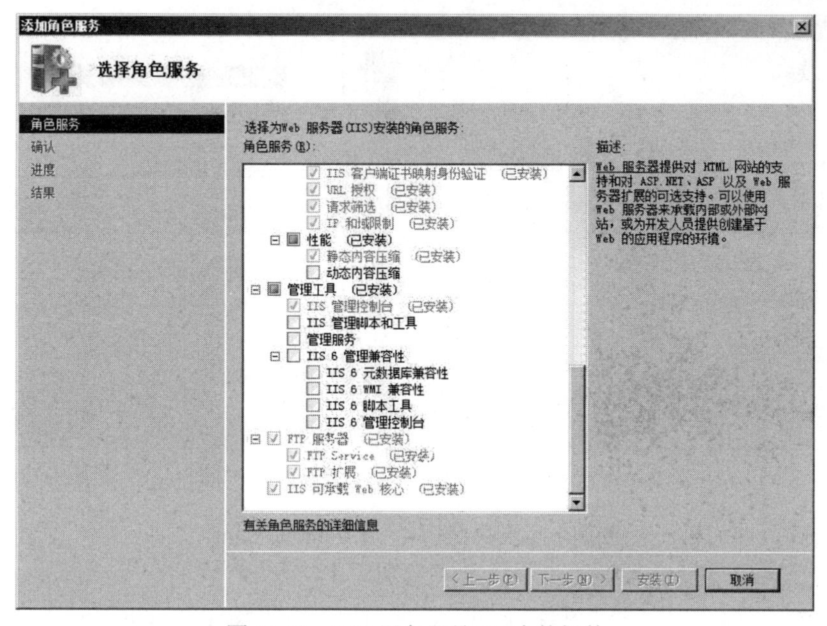

图 14-10　FTP 服务器是 IIS 中的组件

【问题 2】（每空 2 分，共 8 分）

在 DNS 服务器上为 FTP Server 配置域名解析时，依次展开 DNS 服务器功能菜单（如图 14-11 所示），右击__（3）__，选择“新建区域（Z）”，弹出“新建区域向导”对话框。在创建区域时，如图 14-12 所示的“区域名称”是__（4）__；如图 14-13 所示的新建主机的“名称”是__（5）__，“IP 地址”是__（6）__。

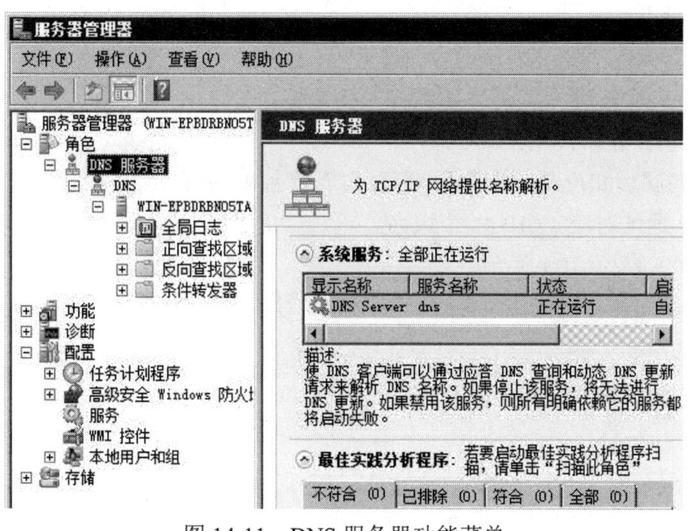

图 14-11　DNS 服务器功能菜单

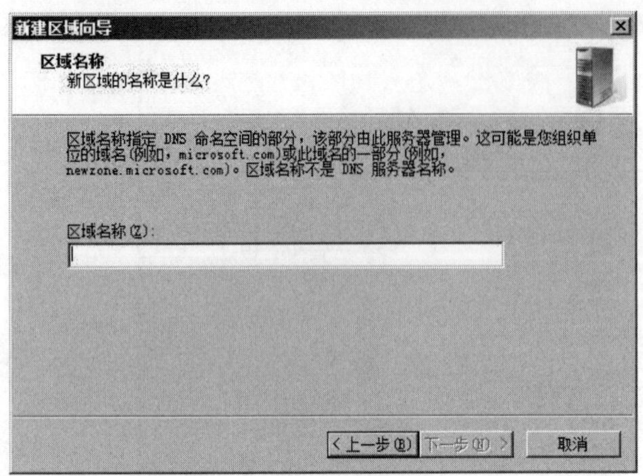

图 14-12　新建区域向导对话框

图 14-13　新建主机对话框

■ **参考答案**（3）机器名或者正向查找区域　（4）sohu.com

（5）FTP　（6）10.10.10.1

■ **试题分析**　（4）因为通过域名 ftp.sohu.com 访问，因此域名是 sohu.com，主机名是 FTP。因为题干要求 IP 是 10.10.10.1。

【问题 3】（每空 2 分，共 4 分）

在 Windows 命令行窗口中使用＿（7）＿命令显示当前 DNS 缓存，使用＿（8）＿命令刷新 DNS 缓存。

（7）～（8）备选答案：

A．ipconfig/all　　B．ipconfig/displaydns

C．ipconfig/flushdns　　D．ipconfig/registerdns

■ **参考答案**（7）B　（8）C

■ **试题分析**　ipconfig 命令的基本参数必须要记住。

【问题 4】（每空 2 分，共 4 分）

域名解析有正向解析和反向解析两种，可以实现域名和 IP 地址之间的转换，一个域名对应＿（9）＿个 IP 地址，一个 IP 地址对应＿（10）＿个域名。

■ **参考答案**（9）1　（10）1

■ **试题分析**　虽然在集群应用中，可以一个域名对应多个 IP 地址，但在本题中是对应 1 个 IP 地址。

课堂练习

● 阅读以下说明，回答问题 1 至问题 5，将解答填入对应栏内。

攻克要塞网络教育公司的网络拓扑结构如图 14-14 所示，用户均由 DHCP 服务器动态分配 IP

地址，DHCP 服务器、Web 服务器和 DNS 服务器的操作系统为 Windows Server 2008，Web 服务器是一个域名为 www.sohu.com 的 Web 站点。

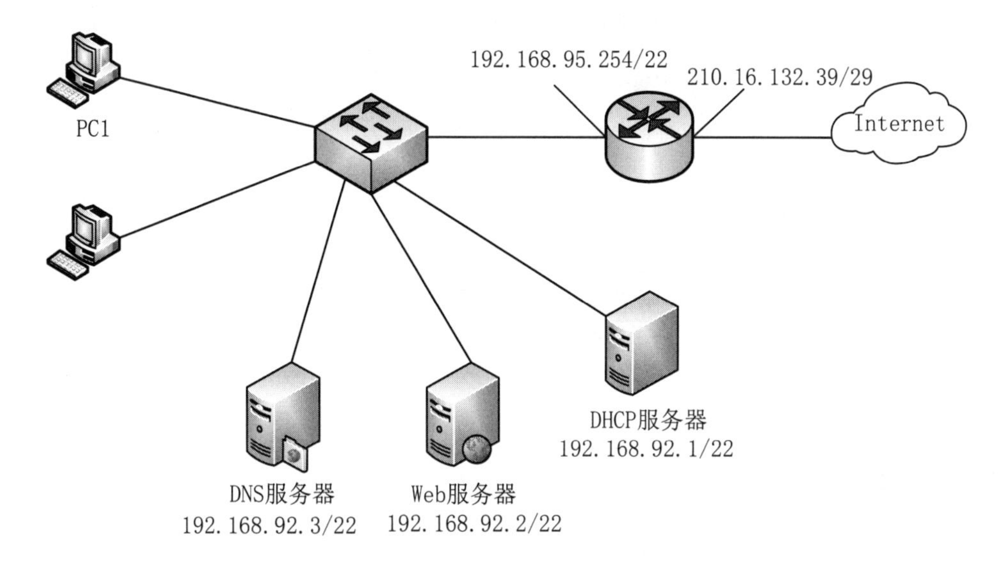

图14-14　公司网络拓扑结构图

【问题 1】（每空 1 分，2 分）

为 Windows Server 2008 中在创建 Web 服务时，需要创建的角色是＿（1）＿，在该角色中，还可以建立＿（2）＿站点。

【问题 2】（每空 2 分，6 分）

为 Web 添加 DNS 记录时，在图 14-15 所示的新建区域向导对话框中，新建的区域名称是＿（3）＿；在图 14-16 所示的新建主机对话框中，添加的新建主机名称为＿（4）＿，IP 地址栏应填入＿（5）＿。

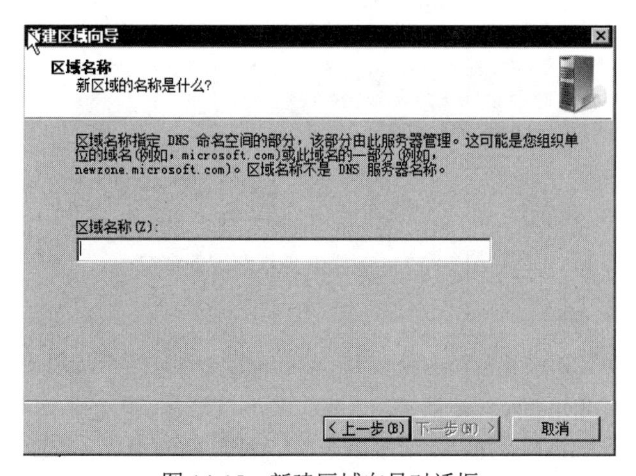

图 14-15　新建区域向导对话框

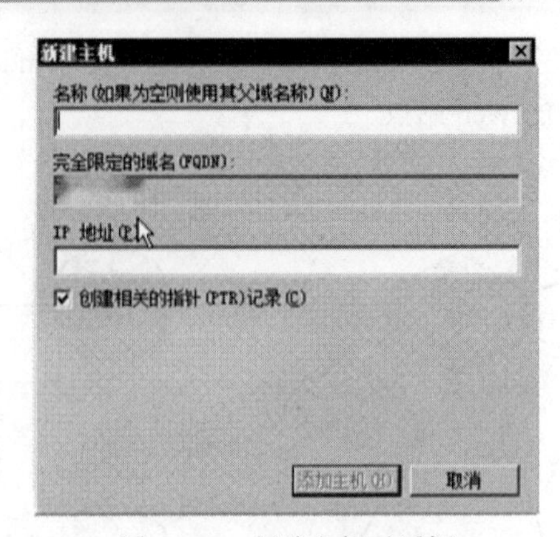

图 14-16 新建主机对话框

【问题 3】（每空 1 分，4 分）

图 14-17 所示是 DHCP 服务器配置时分配 IP 地址范围的窗口，依据拓扑图给出的信息，为网络 1 配置作用域属性参数。

起始 IP 地址：__（6）__

结束 IP 地址：__（7）__

子网掩码：__（8）__

默认网关（可选）：__（9）__

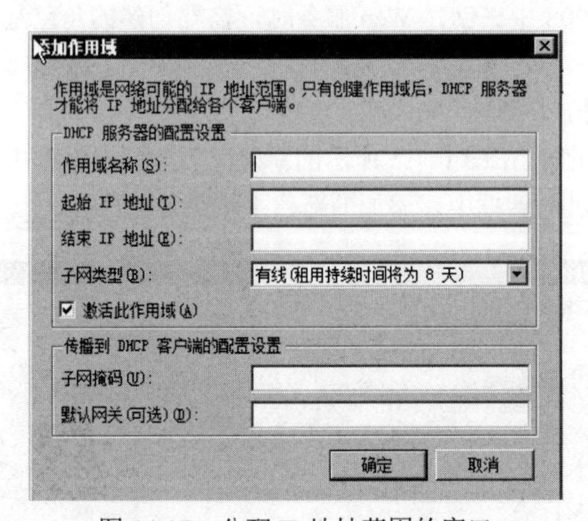

图 14-17 分配 IP 地址范围的窗口

【问题 4】（每空 1 分）

DHCP 客户端从 DHCP 服务器动态获取 IP 地址，主要通过四个阶段进行，其中第一个阶段为客户端以广播方式发送 dhcp discover 报文，此报文源地址为__（10）__，目标地址为__（11）__。

如果网络中有多个 VLAN，并且要实现多个 VLAN 只能共用一台 DHCP 服务器，并且服务器部署在另外的一个专门的服务器 VLAN，则需要在网络中的交换设备上配置__（12）__才能实现。

如果要在网络中防止非法 DHCP 服务器给网络分配错误的 IP 地址，则需要配置__（13）__才能实现。

（10）～（11）备选答案：

A．0.0.0.0　　B．192.168.8.253

C．192.168.8.254　　D．255.255.255.255

（12）～（13）备选答案：

A．DHCP snooping　　B．DHCP 中继代理

C．ACL　　D．认证

【问题 5】（4 分）

1）NAT 可以实现局域网与互联网的相互访问，分为基于原地址的 NAT 和基于目标地址的 NAT，当内网需要访问外网时，需要在路由器上配置基于__（14）__的 NAT 功能，当互联网的用户需要访问 Web 服务时，需要在路由器上配置基于__（15）__的 NAT 功能。

2）当 PC1 不能上网时，发现其 IP 地址是 169.254.0.34，最可能导致该现象发生的原因是__（16）__。

（16）备选答案：

A．DHCP 服务器给客户机提供了保留的 IP 地址

B．DHCP 服务器设置的租约期过长

C．DHCP 服务器没有工作

D．网段内其他 DHCP 服务器给该客户机分配的 IP 地址

试题分析

■ 试题分析

【问题 1】第（1）空根据题干要求是要创建 Web 服务器，在 Windows Server 2008 中需要创建 Web 服务器时它需要选择的角色是 Web 服务器（IIS），而 IIS 中实际上是包含了 2 个服务器，一个是 Web，另一个是 FTP。这个点经常考到。

■ 参考答案

（1）Web 服务器（IIS）

（2）FTP

【问题 2】第（1）空根据题干的要求我们要创建的主机是www.sohu.com，显然它对应的域应该是 sohu.com。

第（2）空新建主机记录的时候对应的主机名实际上就是 www。

第（3）空根据题干的要求知道对应的 IP 地址是 192.168.92.2。

参考答案

（3）sohu.com

（4）www

（5）192.168.92.2

【问题 3】根据图中的相关 IP 地址参数，即可确定相关的 IP 地址。其中网关地址就是路由器的内网接口地址，也就是 192.168.92.254，开始地址注意要去掉服务器的 IP 地址，因此为 192.168.92.4，结束地址要注意排除网关地址 192.168.92.254.

■ 参考答案

（6）192.168.92.4　　（7）192.168.95.253

（8）255.255.252.0　　（9）192.168.95.254

【问题 4】DHCP 协议的基本工作原理以及常用的报文类型、报文中的地址、对应的发送方和接收方等信息必须详细了解，跨网段使用 DHCP 时，一定要注意 DHCP 中继的原理。

■ 参考答案

（10）A　　（11）D　　（12）B　　（13）A

【问题 5】第（14）空，因为内网的用户需要访问外网，因此需要获得公网的 IP，这种转换过程实际上是基于源地址转换。

第（15）空，如果互联网的主机要访问内网的服务器，由于内网服务器的地址不能够被因特网上的主机所识别，所以也需要进行地址转换，由于这个内网地址是外网用户访问的目标地址，因此这种地址转换形式也称为基于目标地址的 NAT。

第（16）空，当一个主机的 IP 地址是 169.254 开头的，这说明该主机没有正确地从 DHCP 服务器获得 IP 地址，至于具体的原因可能是网络故障，也可能是 DHCP 服务器没有正常工作。

■ 参考答案

（14）源地址

（15）目标地址

（16）C

第15章 Web网站设计

知识点图谱与考点分析

网站设计是网络管理员考试中的一个非常重要的知识点，作为每年必考的案例分析题型，每次考试分值至少15分，涉及的知识点主要包括基本的HTML标签、动态服务器页面（Active Server Page，ASP）脚本代码、Script脚本、数据库结构化查询语言（Structured Query Language，SQL）命令等几个部分。这里要特别注意的是，上午部分主要考查HTML基本标签，而下午部分的大题主要是围绕HTML基本标签、ASP数据处理脚本以及数据库基本操作的SQL代码一起考。本章的知识体系图谱如图15-1所示。

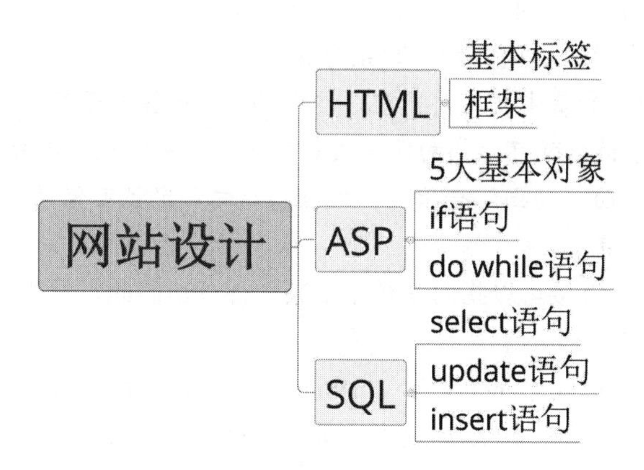

图15-1　网站设计知识体系图谱

知识点：HTML 标签

知识点综述

HTML 标记语言在网络管理员考试中所占的比重比较大，属于必须掌握的重点内容。上午部分通常会考 3～5 个基本标记的选择题，下午部分固定有一个大题，分值通常是 15 分，并且会涉及到 ASP 与数据库部分的知识。涉及一些主要的知识点就是 HTML4 中的主要标签及标签的属性。本知识点的体系图谱如图 15-2 所示。

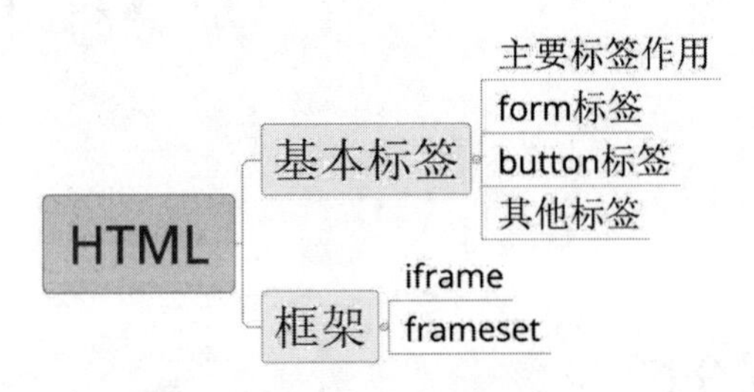

图 15-2　HTML 知识体系图谱

参考题型

【考核方式 1】考核常见的标签及作用。

● 在 HTML 中，语句<a href=" xxxxx@abc.com ">联系方式</a>的作用是__（1）__。

（1）A．创建一个超链接，页面显示：xxxxx@abc.com

B．创建一个超链接，页面显示：联系方式

C．创建一个段落，页面显示：xxxxx@abc.com

D．创建一个段落，页面显示：联系方式

■ 试题分析　HTML 的基本标签要牢记，这里的</a>标签表示建立超链接或者锚点，本题是建立一个超链接。超文本链接既可以指向同一文档的不同部分，也可以指向远程主机的某一文档。文档可以是文本、html 页面、动画、音乐等。文档的指向和定位可借助统一资源定位器（Uniform Resource Locator，URL）完成。

（1）目标标记。超级链接可以指向文档中的某个部分。因此，只需要在文档中进行标记，就可以方便地进行位置跳转了。

标记格式：<a name="name1">hello</a>，name 属性将指定标记的地方标记为“name1”，name1 为全文的标记串。这种方式就在 hello 的地方，放置了标记 name1。然后，就可以供其他超链接进行调用。

（2）调用目标。超链接可以指向或者调用不同位置的文档。具体见表 15-1。

表 15-1　超链接指向或调用不同位置的文档

位置	格式
同一文档指定位置	<a href="#name1"></a>
同一目录下的不同文档	<a href =" test.html#name1"></a>
同一服务器下的不同文档	<a href ="1/test.html#name1"></a>
互联网文档	<a href ="www.sohu.com/1/test.html#name1"></a>
插入邮件	<a href =mailto:syhnjs@qq.com></a>

注："#name"需要预先在目标文档中进行标记。

■ 参考答案　（1）B

● 在 HTML 语言中，> 用来表示＿（2）＿。

（2）A．>　　B．<　　C．》　　D．《

■ 试题分析　转义符">"用来表示>，转义符"<"用来表示<。

■ 参考答案　（2）A

● 在 HTML 中，预格式化标记是＿（3）＿。

（3）A．<pre>　　B．<hr>　　C．<text>　　D．<ul>

■ 试题分析　预格式化标记是<pre>。<hr>标记是一个水平线，<ul>标记定义无序列表。选项 C 是一个干扰项，通常 text 用做 form 表单中元素的属性值。

■ 参考答案　（3）A

● 在 HTML 中，
标签的作用是＿（4）＿。

（4）A．换行　　B．横线　　C．段落　　D．加粗

■ 试题分析　
标记的作用是换行。<hr>标签的作用是表示一根横线，<p>标签的作用是表示一个段落，<b>标签的作用是加粗字体。

■ 参考答案　（4）A

【考核方式 2】考核常见的标签的各种属性。

1．使用语句＿（1）＿可在 HTML 表单中添加默认选中的单选框，语句＿（2）＿可添加提交表单。

（1）A．<input type=radio name="Save" checked>

B．<input type=radio name="Save" enabled>

C．<input type=checkbox name="Save" checked>

D．<input type=checkbox name="Save" enabled>

（2）A．<input type=checkbox>　　B．<input type =radio>

C．<input type =reset> D．<input type =submit>

■ 试题分析　radio 表示单选按钮，checked 表示默认选中，submit 表示提交按钮。

■ 参考答案　（1）A　（2）D

● 在HTML中，要将form表单内的数据发送到服务器，应将<input>标记的type属性值设为__（3）__。

（3）A．password　　B．submit　　C．reset　　D．push

■ 试题分析　<input>标记的type属性值设为password表示密码输入区域，<input>标记的type属性值设为submit表示提交按钮，<input>标记的type属性值设为reset表示重置按钮，要把表单中的数据发送到服务器，一定需要有一个提交按钮，这个按钮的type=submit。

■ 参考答案　（3）B

● 要在页面中设置复选框，可将type属性设置为__（4）__。

（4）A．radio　　B．option　　C．checkbox　　D．check

■ 试题分析　radio对应的类型是一种单选框，checkbox对应的类型是复选框。

■ 参考答案　（4）C

【考核方式3】考核网页与Web客户端的基础概念。

● 在一个HTML页面中使用了2个框架，最少需要__（1）__个独立的HTML文件。

（1）A．2　　B．3　　C．4　　D．5

■ 试题分析　这道题考查的是框架的基本概念，在一个页面中，如果使用了2个框架，则每个框架需要一个文件。另外要特别注意的是，这2个框架组合在一起的时候，还需要一个整体的框架文件与之对应。因此总的页面文件是框架数量+1。

■ 参考答案　（1）B

● Web客户端程序不包括__（2）__。

（2）A．Chrome　　B．Firefox　　C．IE　　D．notebook

■ 试题分析　目前主流的浏览器非常多，常用的有Google的Chrome，微软的IE，苹果的Safari等。而notebook是Windows系统的记事本程序，只用于查看和编辑文本文件。

■ 参考答案　（2）D

● 启动IE浏览器后，将自动加载__（3）__；在IE浏览器中重新载入当前页，可通过__（4）__的方法来解决。

（3）A．空白页　　B．常用页面

C．最近收藏的页面　　D．IE中设置的主页

（4）A．单击工具栏上的“停止”按钮　　B．单击工具栏上的“刷新”按钮

C．单击工具栏上的“后退”按钮　　D．单击工具栏上的“前进”按钮

■ 试题分析　启动IE浏览器后，将自动加载IE中设置的默认首页。在浏览器中，刷新操作通常是用来重新加载当前页面。

■ 参考答案　（3）D　（4）B

● Cookies的作用是__（5）__。

（5）A．保存浏览网站的历史记录

B．提供浏览器视频播放插件

C．保存访问站点的缓存数据

D．保存用户的 ID 与密码等敏感信息

■ 试题分析　Cookies 就是保存对应网站的一些用户的私人信息，如登录的账号和密码等。

■ 参考答案　（5）D

知识点：ASP 基础

知识点综述

ASP 主要用于 Web 网页后端，它的作用是将前端网页的输入数据按照一定的业务逻辑进行处理，属于必须掌握的重点内容。上午部分也有可能考到 ASP 基础概念的选择题，下午部分固定有一个大题。涉及一些主要的知识点，如 ASP 如何获取 form 表单中提交的数据，并把这些数据用变量存储起来，组成动态的 SQL 语句，使用 while not rs.eof()进行记录集的遍历，使用 if not rs.eof()等判断条件进行数据操作等。本知识点的体系图谱如图 15-3 所示。

图 15-3　ASP 知识体系图谱

参考题型

【考核方式 1】考核 ASP 的基础概念。

● 在 ASP 中，使用__（1）__对象响应客户端的请求。

（1）A．Request　　B．Response　　C．Session　　D．Cookie

■ 试题分析　以下是 ASP 中 5 个常用对象的基本概念，需要记忆。

1）Response 对象：用于输出由服务器端传送给浏览器端的内容。通常是 ASP 程序处理完数据，需要将结果返回客户端时，使用这个对象将结果以 html 标记的形式返回。

2）Request 对象：用来实现浏览器端向服务器端提交数据。通常是 Web 页面中 form 表单中的各种数据，form 表单中的数据可以有多个，这些数据之间必须以 name 属性进行标识，如表单中输入一个用户名为“张三”，密码为“123456”的信息，则表单中的输入姓名的文本框的 name 属性可以为 username，而输入密码的文本框的 name 属性则需要取另一个名字，如 password。若表单使用 Get 方式提交数据，则 Request 提交的数据是 username="张三"&password="123456"这种形式，在浏览器的地址栏可以看到相关的信息，因此不适合传输敏感信息和数据量比较大的信息。

若表单使用 Post 方式提交数据，虽然数据还是存在 Request 对象中，但是在浏览器地址只能看到 Action 指定的 ASP 文件的网址，看不到任何数据，相对比较安全。

不管使用哪种方式提交数据，在服务器端，ASP 都可以利用 request.form("username")来获得"张三"这个值，用 request.form("password")获取用户输入的密码"123456"，ASP 获取用户端输入的数据之后，进一步进行各种处理。

Action 的作用是指定用于处理用户数据的程序。当用户单击登录按钮之后，用户输入的数据提交给服务器端的由 Action 指定的 ASP 文件来接收和处理这些数据。

3）Server 对象：提供了对服务器基本的属性和方法的访问方式，考试中通常使用的是 Server 的 Create Object 方法创建对象的实例，比如创建 ASP 程序要使用的各种对象实例，如 rs、Connection 等，考试中偶尔考到的不使用数据库，而使用文本文件来存储基本信息时，也要使用 Server 对象创建 FS 对象实现对文件的操作。

4）Application 对象：用来记录同一时间不同用户的共享变量。在 ASP 中，为了完成某项任务的一组 ASP 文件称为一个应用程序。ASP 通过 Application 对象把这些文件捆绑在一起。Application 中存储的信息可以被应用程序中的其他页面使用（比如数据库连接信息，网站访问计数器等）。因此用户可以从任意页面访问这些信息。当用户在某个页面上改变这些信息时，其他所有的页面中使用这些信息的时候都会被及时更新。典型的应用是设计网页的访问计数器时，就应该使用 Application 的变量。

5）Session 对象：用来记录单一用户的专用变量，也就是说 Session 对象和用户的关系是一一对应的，类似于 Application 对象中的信息，但是这个信息仅仅对当前这个用户有效，其他用户无法访问。典型的应用是用户通过登录验证之后，就应该在 Session 中保存用户登录成功的相关信息，在其他需要验证的页面中直接判断 Session 中的变量即可知道该用户是否已经通过登录验证。

■ **参考答案**　（1）B

知识点：SQL 基础

知识点综述

SQL 主要用于后端数据库处理，它的作用是将业务逻辑处理过的数据写入数据库，或者从数据库取出对应的数据。这个操作属于必须掌握的重点内容。上午部分通常很少考到 SQL 代码，主要出现在下午的案例分析部分。涉及的一些主要的知识点就是存取数据的 SQL 代码。本知识点的体系图谱如图 15-4 所示。

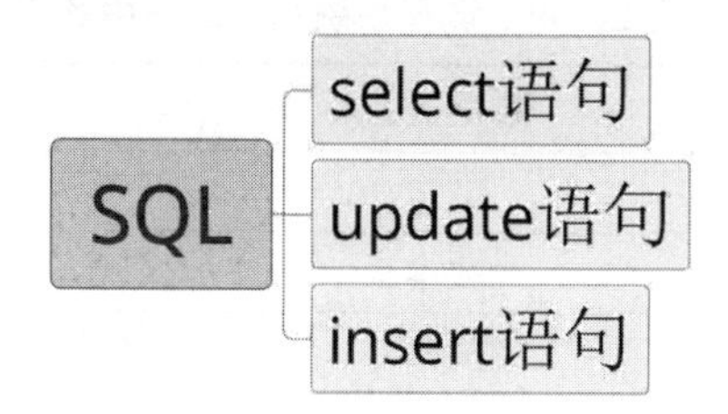

图 15-4　SQL 知识体系图谱

参考题型

【考核方式 1】考核 Web 页面设计与代码。

阅读以下说明，回答问题 1 至问题 2，将解答填入对应的解答栏内。

【说明】某公司为推广洗涤新产品，需要进行用户体检调查。图 15-5 为调查表填写页面，表 15-2 所示为利用 Microsoft Access 创建的数据库，它将记录被调查用户的姓名、性别、年龄，了解产品方式和评价等信息。

为了让更多的人对我们的产品使用放心，请填写下表。

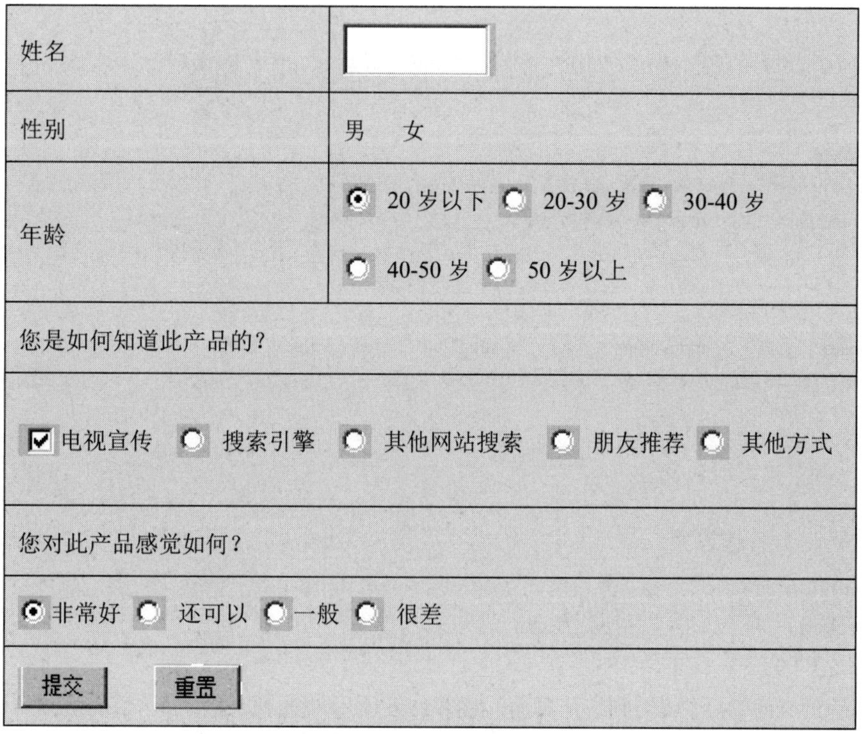

姓名	
性别	男　女
年龄	◉ 20 岁以下 ○ 20-30 岁 ○ 30-40 岁 ○ 40-50 岁 ○ 50 岁以上
您是如何知道此产品的？	
☑ 电视宣传 ○ 搜索引擎 ○ 其他网站搜索 ○ 朋友推荐 ○ 其他方式	
您对此产品感觉如何？	
◉ 非常好 ○ 还可以 ○ 一般 ○ 很差	
提交　重置	

图 15-5　调查表填写页面

表 15-2 网上调查系统 invest 表中的字段

字段名称	数据类型	说明
User	文本	姓名
Sex	文本	性别 true：男 false：女
Age	文本	年龄
Way	文本	了解本产品的方式
Satisfied	文本	您对此产品的感觉如何？ Satisfied：非常好 Good：还可以 General：一般 Bad：很差

【问题 1】（6 分）

以下是图 15-5 所示页面的部分代码，请仔细阅读该段代码，将（1）～（6）的空缺代码补齐。

```
<body>
<p><strong>为了让更多的人对我们的产品使用放心，请填写下表</strong></p>
<form     id="form" method="POST" action="">
<table width="350" border="1" align="center" cellpading="0" cellspacing="0" >
<tr>
<td width="100">姓名</td><td><input type="text"     name="__(1)__"   value=""></td>
</tr>
<tr>
<td>性别</td>
<td><input name="sex" type="radio" id="radio" value="true" checked="__(2)__" />男
<input name="sex" type="radio" id="radio2" value="__(3)__" />女</td>
</tr>
……
<tr>
<td colspan="__(4)__"><input type="__(5)__" name="sub" id="sub" value="提交" />
<input type="reset" name="reset" id="reset" value="重置" /></td>
</tr>
</table>
<__(6)__>
</body>
```

（1）～（6）备选答案：

A．submit　　B．user　　C．false　　D．2

E．checked　　F．/form

【问题 2】（9 分）

用户填写调查问卷后，将转到统计页面，如图 15-6 所示。统计页面将显示目前所参与调查的人数、按性别统计与占比、按年龄统计与占比等信息。下面是统计页面的部分代码，请将代码补充完整。

此次活动已经有 15 人参加，其中

性别	
男	9 人，占 60%
女	6 人，占 40%
年龄	
20 岁以下	2 人，占 13%
20～30 岁	5 人，占 33%
30～40 岁	4 人，占 27%
40～50 岁	2 人，占 13%
50 岁以上	2 人，占 13%

图 15-6 统计页面

```
<%
......
sql="SELECT sex,count(sex)as sexNum FROM__（7）__group by__（8）__ORDER BY sex desc"
注释：按照性别统计
Rs1.open__（9）__,conn
While Not Rs1.eof
If Rs1（"sex"）="__（10）__"Then
sexNum_1=Rs1（"sexNum"）
End If
If Rs1（"sex"）="false" Then
sexNum_2=Rs1（"__（11）__"）
End If
Rs1.movenext
Wend
countNum=sexNum_1+sexNum_2
......
%>
<body>
<p><strong>此次活动已经有<%=__（12）__%>人参加，其中</strong></p>
<table width="350" border="1" align="center" cellpading="0" cellspacing="0" >
<tr>
<td width="350" colspan="2" >性别</td>
</tr>
<tr>
<td width="100">男</td>
<td><%=sexNum_1%>人， 占<%=FormatPercent(__（13）__/countNum)%></td>
</tr>
<tr>
<td width="100">女</td>
```

```
<td><%=_(14)_%>人，占<%=FormatPercent(sexNum_2/countNum)%></td>
</tr>
......
</table>
<%_(15)_%>
```

（7）～（15）备选答案：

A．true　　B．Rs1.close　　C．sexNum_1

D．sexNum_2　　E．invest　　F．sexNum

G．sex　　H．countNum　　I．SQL

■ 试题分析 这是一道每年必考的 HTML+ASP+SQL 题。根据题干可知，第（1）空主要考查的是 HTML 中表格 table 和表单 form 的基本用法及属性，这是必须掌握的，每次考试基本都会考到。基本表格标记中的<tr>定义行，<td>定义单元格，由图 15-5 和表 15-2 可以看出，表格中第一行有两个单元格，第一个单元格为姓名，第二个为文本输入框（用户名），所以 type 必定是 text，name 应该为 user。

第（2）、（3）空是输入性别，根据图 15-5 中的信息可知，默认性别是“男”，因此 checked=checked 就是默认选择，value 的值就应该是 true，女性对应的 value 就是 false。

第（4）空从图 15-5 中的提交/重置按钮可以得到对应 type 的值为 submit 和 reset。而从表中对应的行里使用的跨列（2 列），因此 colspan=2。

第（5）空对应的是设置提交按钮的相关属性，提交按钮它的 type 属性必须为 submit。

第（6）空根据所在的位置可知对应的 form 表单只有开始标记，没有结束标记，因此在最后这里一定有对应的结束标记。

问题 2 主要是考查考生对 form 表单提交的数据到后台处理程序处理并写入数据库这一部分的处理过程。结合图 15-6 统计页面的内容可知，这些数据是从数据库的 invest 表中统计出来的信息，通过将男女分类，并按照性别的降序进行排序。第（7）空实际上是一条 SQL 语句，从 from 来看，这一空应该是填对应的数据表的名字，也就是 invest。

第（8）空也是 SQL 语句中 group by 的参数，从统计数据中可以看出是按照性别来进行分组，因此这个答案是 Sex。

第（9）空是执行上面定义的 SQL 语句，该语句存储在 SQL 变量里，因此应该写上对应的变量名 SQL。

第（10）～（11）空根据数据库表中将男女统计信息统计出来。其中男对应的 sex=true，具体数量对应的是 sexNum_1，女生的 sex 值对应 false，具体数量对应 sexNum_2。根据代码的上下文可以知道这些是分别统计男生的数量和女生的数量，因此第（11）空就是 sexNum。

第（12）空是统计总人数，根据上下文“countNum=sexNum_1+sexNum_2”可以知道，总人数的变量为 countNum。

第（13）～（14）空根据统计信息展示的是各种性别人数所占的百分比，结合第（10）～（11）空中对应人数变量男生为 sexNum_1，女生为 sexNum_2。根据上下文可知，这两空是并列关系。

因此第（13）空是 sexNum_1，第（14）空是 sexNum_2。

第（15）空根据上下文和剩余的这些选项可以知道是将记录集关闭，因此选择 close。

■ **参考答案**

【问题 1】（6 分）

（1）B （2）E （3）C （4）D （5）A （6）F

【问题 2】（9 分）

（7）E （8）G （9）I （10）A （11）F （12）H

（13）C （14）D （15）B

● 阅读以下说明，回答问题 1 和问题 2，将解答填入对应的解答栏内。

【说明】某信息系统需要在登录页面输入用户名和密码，通过登录信息验证后，跳转至主页面，显示该用户的姓名等个人信息。文件描述见表 15-3，登录信息和个人信息均存储在 Access 数据库中，见表 15-4、表 15-5。

表 15-3 文件描述表

文件名	功能描述
Login.asp	用户登录页面
LoginCheck.asp	用户登录信息验证页面
Default.asp	主页面

表 15-4 用户登录信息表结构（表名：userlogin）

字段名	数据类型	说明
Id_login	自动编号	主键，登录 ID
Login_name	文本	用户名
Passwd	文本	密码，加密存储

表 15-5 用户个人信息表结构（表名：userinfo）

字段名	数据类型	说明
Id_Info	自动编号	主键，用户 ID
Id_Login	数字	外键，登录 ID
User_name	文本	姓名
Gender	文本	性别
Telephone	文本	电话
Address	文本	联系地址

【问题 1】（每空 1 分，共 8 分）图 15-7 所示为登录页面截图。

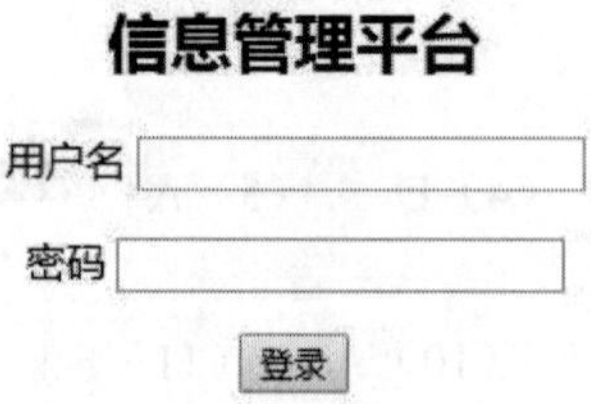

信息管理平台

用户名

密码

登录

图 15-7　登录页面截图

以下所示页面为用户登录的部分代码片段。请仔细阅读该段代码，将（1）～（8）的空缺代码补齐。

```
login.asp 页面代码片段
......
<body>
< （1） name="form" method="pos" action=" （2） ">
<div class="title_top">
<div class="top_cont">
<img src="images-login/pic_2.png"/>
< （3） >
</div>
<div class="cont_title">
<p>信息管理平台</p>
</div>
<div class="box">
<div class="text">
<div class="a">
<span>用户名</span>
<input type=" （4） " name=" （5） "/>
</div>
<div class="b">
<span>密码</span>
<input type="password "name=" （6） "/>
</div>
<div class="c">
<input type="submit" id="button" name="button" value="登录"/>
</div>
</div>
</div>
<div class="lg_nav">
</div>
</form>
< （7） >.
....
loginCheck.asp 页面代码片段
login_Name=request.form("login_Name")
```

```
passwd=request.form("passwd").
.....略去关键字符过滤代码
sql="select id_Login,passwd from userLogin where login_Name='"  (8)  login_Name&"' "session("id_Login")=id_Login
......
```

（1）～（8）备选答案：

A．password　　B．text　　C．/body　　D．form

E．/div　　F．loginCheck.asp　　G．login_Name　　H．&

■ 试题分析　结合上下文就可以知道，这行代码是定一个提交数据的表单，因此第（1）空处应该是 form，选 D。

从题干说明“某信息系统需要在登录页面输入用户名和密码，通过登录信息验证后，跳转至主页面”知道，这里的 action 来指定服务器中处理这个 form 表单中的数据的页面是 loginCheck.asp，因此第（2）空就是 loginCheck.asp，选 F。

第（3）空从上下文知道只能是</div>，选 E。

第（4）空是输入用户名的文本框的属性，必须是 text，选 B。

第（5）空是找对应的用户名所用的变量名字，通常可以在下文的 ASP 处理代码 loginCheck.asp 中找到“login_Name=request.form(“login_Name”)”，说明这个用户的信息是存储在 request.form(“login_Name”)中的，对应的名字就是 login_Name。考试中凡是需要找对应的 form 表单中的变量名的问题，都可以用这种上下文的方式查找对应的值。因此选 G。

第（6）空类似第（5）空，找到下文中的密码是存储在 password 中，因此选 A。

第（7）空明显是表单结束标记之后，就是整个 body 部分的结束标记，因此是</body>，选 C。

第（8）空是要构造一个 SQL 语句，其中需要动态获得 login_Name 的信息，这个信息是存储在 login_Name 变量里的，要构造这个语句，需要将这两部分连接起来，使用字符串连接运算符“&”。因此第（8）空选 H。

■ 参考答案　（1）D　（2）F　（3）E　（4）B　（5）G　（6）A　（7）C　（8）H

【问题 2】（每空 1 分，共 7 分）图 15-8 所示为用户登录后的页面截图。

用户信息	
姓名	张三
性别	男
电话	1300000000
联系地址	××省××市××区××街道××号

图 15-8　用户登录后的页面

以下所示页面为用户登录后显示用户信息的部分代码片段。请仔细阅读该段代码，将（9）～（15）的空缺代码补齐。

default.asp 页面代码片段说明：conn 为 Connect 对象，rs 为 RecordSet 对象

```
<%
......
id_Login=session("id_Login")__(9)__注释：从 session 中获取该用户的登录 ID
sql="select__(10)__,gender,telephone,address from userinfo where__(11)__="'"&id_Login&"'"
rs.open__(12)__, conn
user_Name=""
gender=""
telephone=""
address=""
if not__(13)__Then
user_Name=rs("user_Name")
gender=rs("gender")
telephone=rs("telephone")
address=rs("address")
EndIf
......
%>
......
<table width="400" border="1" align="center" cellpadding="0" cellspacing="0">
<tr>
<td__(14)__height="30"align="center">用户信息</td>
</tr>
<tr>
<td width="50%"height="30"align="center">姓名</td〉
<td align="center"<%=user_Name%></td>
</tr>
<tr>
<td height="30"align="center"〉 性别</td>
<td align="center"><%=gender%>
</td>
</tr>
<tr>
<td height="30"align="center">电话</td>
<td align="center"><%=telephone%></td>
</tr>
<tr>
<td height="30"align="center">联系地址</td><td align="__(15)__"><%=address%></td>
</tr>
</table>
......
```

（9）～（15）备选答案：

A．’　　B．left　　C．rs.eof()　　D．sql

E．user_Name　　F．id_Login　　G．colspan="2"

■ **参考答案**　（9）A　（10）E　（11）F　（12）D　（13）C　（14）G　（15）B

■ **试题分析**　第（9）空是一个代码注释，ASP 中可以用’表示。第（10）空从图中可以看出是用户名，而数据表中用户名用 user_Name 表示，因此选 E。第（11）空是 SQL 中的条件，只能用 id_Login，选 F。

第（12）空中用 rs.open sql，conn 表示执行 SQL 中存储的 SQL 命令，并返回记录集。第（13）空是常用的判断记录集是否遍历完的标记，通常的用法是 while not rs.eof()或者 if not rs.eof()这种写法，因此选 C。第（14）空从显示的表头可以知道，这个表头信息跨了 2 列，也就是 colspan=2，因此选 G。第（15）空根据前面的 align 可知是设置对齐方式，并且选项中只剩下一个左对齐的选项。因此选 B。

这种类型的试题，尽管每次考试所使用的系统都不一样，但是实际上考试的内容基本相同，因此只要认真掌握 HTML 基本标签的作用，重要的属性以及 ASP 中的简单程序代码，如遍历条件的判断，所使用的变量名对应 form 表单中的文本框，以及一些简单的 SQL 命令即可，题目并不难，而且内容比较集中，因此重视这个基本知识点的掌握，可以大大提高案例分析的得分。

课堂练习

阅读以下说明，回答问题 1 至问题 3，将解答填入对应栏内。

- 某公司使用 ASP 建设电子图书网站，网页制作过程使用了 CSS 技术，该网站具有电子书介绍、会员管理、在线支付等功能，采用 SQL Server 数据库，数据库名称为 Ebook，其中用户表名称 u_name，其用户表中字段说明见表 15-9。

表 15-9　习题用表

字段名	类型
UserName	char
Password	char
Usergrade	char

其中，Usergrade 仅有两个有效值：m 表示会员，b 表示非会员。

【问题 1】（3 分）

在该网站 index.asp 文档中使用了<style type= "value">语句。其中，type 属性规定样式表的 MIME 类型，目前 value 的值只能是＿（1）＿，指的是＿（2）＿，它是一种＿（3）＿样式描述格式，能够保证文档显示格式的一致性。

（1）～（3）备选答案：

A．css　　B．text/css　　C．xml　　D．层叠样式单

E．扩展样式单　　F．静态　　G．动态

【问题 2】在空（4）～（9）处填写正确的对象名。（6 分）

ASP 中有 5 大基本对象，分别是 Request、Response、Session、Application、Server。访问数据库时，需要有 RecordSet 对象存储数据库中的值。根据下图的模型，其中＿（4）＿**对象**用来实现浏览器端向服务器端提交数据，＿（5）＿对象用于创建连接数据库的 ADOConnection。＿（6）＿是 SQL 的 Select 语句执行之后的结果集，＿（7）＿对象用于输出由服务器端传送给浏览器端的内容。＿（8）＿

对象用于存放已经通过验证的用户的用户名，以便在用户下次访问时，不再需要再次验证。＿（9）＿对象是用于存放网站访问计数器的。

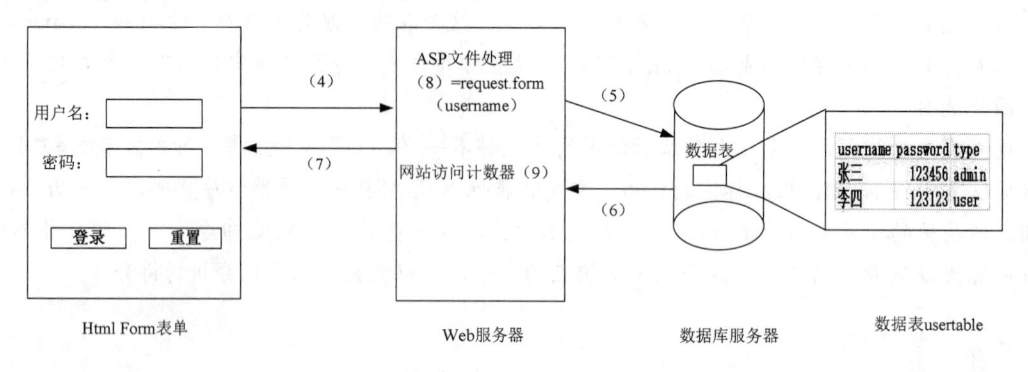

图 15-8　习题用图

【问题 3】（6 分）

该网站数据库连接代码如下所示，根据题目要求在备选项中选择正确的答案。

```
<%
set conn=__(10)__.createobject("adodb.connection")
conn.provider="sqloledb"
set provstr="server=127.0.0.1;database=__(11)__;uid=sa;pwd=12345678"
__(12)__.open provstr
%>
```

该网站需要对用户是否是会员进行判断，用户登录时判断页面为 ChkLogin.asp。下面是该页面的部分代码，请在备选项中选择正确的答案。

```
<!-# include file=conn.asp ->
<%
...
username=replace(trim(__(13)__('username")),"'","");
...
sql="select * from__(14)__where Password='"&password"' and UserName=&username&" '"
rs.open sql,con,1,1
If__(15)__(rs.bof and rs.eof) then
if password=rs("Password") then
session("Username")=rs("Username")
session("Usergrade")=rs("Usergrade")
%>
```

（10）～（15）备选答案：

A．not　　B．server　　C．Ebook　　D．u_name

E．request　　F．conn

● 在 HTML 中，标记对<a></a>的作用是＿（2）＿。

（2）A．设置锚　　B．设置段落　　C．设置表格　　D．设置字体

- 下面的标记对中，__（3）__用于表示网页代码的起始和终止。

  （3）A. <html></html>　　B. <head></head>

  　　 C. <body></body>　　D. <meta></meta>

- 使用 HTML 语言为某产品编制帮助文档，要求文档导航结构和内容同时显示，需要在文档中使用__（4）__，最少需要使用__（5）__个。

  （4）A. 文本框　　B. 段落　　C. 框架　　D. 表格

  （5）A. 4　　B. 3　　C. 2　　D. 1

试题分析

试题 1 分析：

【问题 1】第（1）、（2）空考查的是 Style 对应的类型值，在目前 Style Type 对应的值只能够是 text/CSS，用于在网页中引入层叠样式表。

第（3）空是一种静态形式控制网页格式的方式，如果想要动态地控制网页元素的格式，通常需要和各种脚本语言配合，因此单纯来说层叠样式表（Cascading Style Sheet，CSS）是一种静态样式格式。通过设定指定的样式，文档显示一致的格式。

■ **参考答案**　（1）B　（2）D　（3）F

【问题 2】本题看上去是一个填空题，实际上是一个选择题，在题干部分已经告诉了考生主要有哪些对象，后续只要根据题干的意思，从题干列出的对象中选择合适的对象名填入即可。

第（4）空是实现浏览器端向服务器端提交数据，因此一定是 request 对象。

第（5）空是用于创建连接数据库的 ADOConnection 对象，显然能创建对象的 ASP 对象只有 server。

第（6）空是 SQL 的 select 语句执行之后的结果集，也就是 RecordSet。

第（7）空是用于输出由服务器端传送给浏览器端的内容，明显是一个 Response 对象。

第（8）空用于存放已经通过验证的用户的用户名，往往是一个 Session 对象。

第（9）空用于存放网站访问计数器，显然是一个 Application 对象。

实际上，就是考查考生对 ASP 的基本对象作用的掌握，也算是一个基本概念。

■ **参考答案**

（4）Request　（5）Server　（6）RecordSet　（7）Response　（8）Session　（9）Application

【问题 3】第（10）空根据后面的 Create Object 和我们之前所熟悉的 ASP 五大对象基本属性可以知道，只有 Server 对象才具有 Create Object 方法，因此第（10）空一定是 Server。

第（11）空根据题干给出的信息我们所使用的数据库名称是 Ebook，所以第（11）空选 C。

第（12）空只有 Connection 对象才具有 Open 方法，而这个 Connection 对象的名字叫 conn。

第（13）空是获取用户提交的用户名，用户名 username 通常是以 Request（“对象名”）获得的，因此第（13）空选 E。

第（14）空是创建一条查询数据库的 SQL 语句，使用的是 select * from 数据表，从题干所给出的信息知道所使用的表的表名是 U_name。

第（15）空是我们熟悉的判断记录集是否为空的标准写法，因此需要在 if 后面加上 Not。类似的还有 while 语句后面的参考条件。

■ **参考答案**　（10）B　（11）C　（12）F　（13）E　（14）D　（15）A

试题 2 分析：A 标记可以用于对网页内的目标进行标记，称为锚点，通过超级链接可以指向文档中的某个部分。因此，只需要在文档中进行标记，就可以方便地进行位置跳转了。

标记格式：<a name="name1">hello</a>，name 属性将指定标记的地方标记为"name1"，name1 为全文的标记串。这种方式就在 hello 的地方，放置了标记 name1。然后，就可以供其他超链接进行调用。

■ **参考答案**　（2）A

试题 3 分析：HTML 基本结构如下：

```
<HTML>
<HEAD>
<title></title>
……
</HEAD>
<BODY>
……
</BODY>
</HTML>
```

其中，<HTML></HTML>分别表示文档的开始和结束；<HEAD></HEAD>表示文档头；<BODY></BODY>表示文档体。

■ **参考答案**　（3）A

试题 4 分析：框架把浏览器窗口分成几个独立的部分，各部分可包含不同的 HTML 文档。框架的结构如下：

```
<html>
<head>
<title>……</title>
</head>
<noframe src="URL" ></noframe>
<frameset cols="20%,80%"   >
<frame src="导航.html">
<frame src="内容.html">
</frameset></html>
```

注意，<frameset>相当于代替了<body>标签；<frame>标记通过<frame src="URL">插入 HTML 文档；当浏览器不支持框架时，显示<noframe>标签指向的内容。因此每显示一个页面，至少对应一个框架。题目要求文档导航结构和内容同时显示，也就是至少要同时显示两个页面，需要 2 个框架。需要特别注意的是 2 个框架的页面需要 3 个独立 HTML 文件对应，因为整个框架也必须在一个 HTML 页面中。

■ **参考答案**　（4）C　（5）C